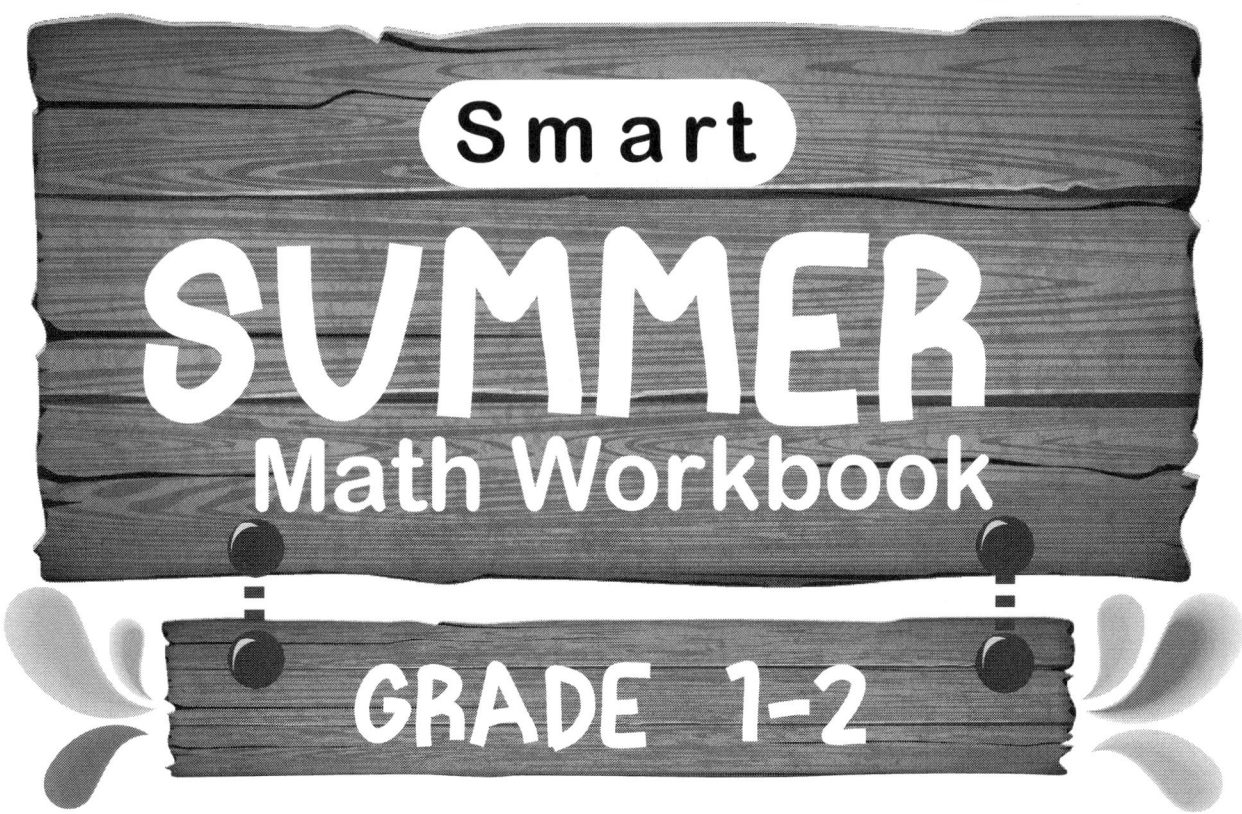

# This book belongs to

_____

- Copyright 2020/2021 ©™ -
Copyright of this site and its contents for printing.
All rights reserved. Redistribution or reproduction of a
part or all of the content in any form is prohibited.

# A Guide for Parents

Welcome, parents! One of the most important gifts we can give our children is to help them learn to read and write so that they can succeed in school and beyond. Confident, active readers are able to use their reading skills to follow their passions and curiosity about the world. We all read for a purpose: to be entertained, to take a journey of the imagination, to connect with others, to figure out how to do something, and to learn about history, science, the arts, and everything else. Learning to read is complex. Children don't learn one reading-related skill and then move on to the next in a step-by-step process. Instead, they are learning to do many things at the same time: decoding, reading with comfortable fluency, absorbing new vocabulary, understanding what the text says, and discovering that reading is pleasurable and builds knowledge about the world. We hope this guide will give you a better understanding of what it takes to learn to read (and write) and how you can help your children grow as readers, writers, and learners!

# INDEX

number batterns.................................... 5 - 10

adition & subtraction one digit .............. 12 - 24

Adition & subtraction double digit ......... 26 - 37

Multiplication one digit .......................... 39 – 44

Multiplication double digit ..................... 45 – 50

fractions .................................................. 51 - 73

Fact families ............................................ 74 - 79

tellig time ............................................... 80 - 103

# NUMBER BATTERNS ADDITION SUBTRACTION

Date : _____    time : _____
Name : _____  Score : _____

## number batterns

**Day 1**

adding by plotting jumps on the number line.

✓ Example:

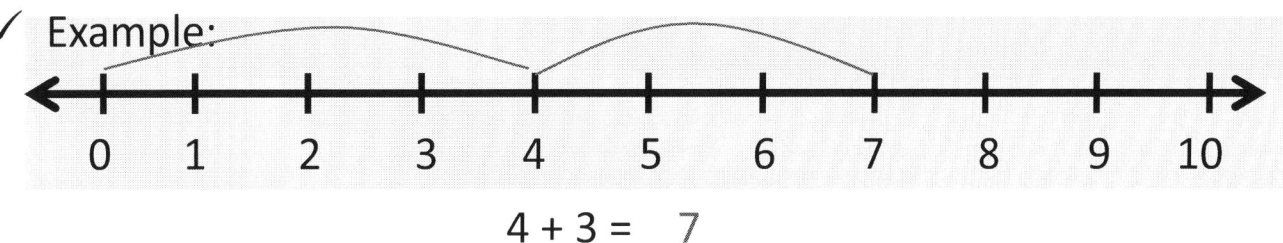

4 + 3 = __7__

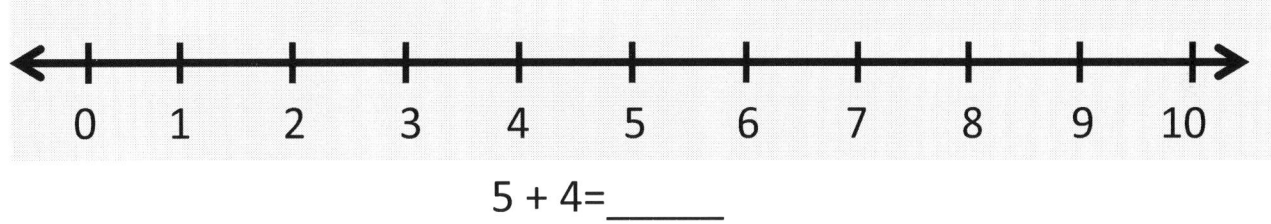

5 + 4 = _____

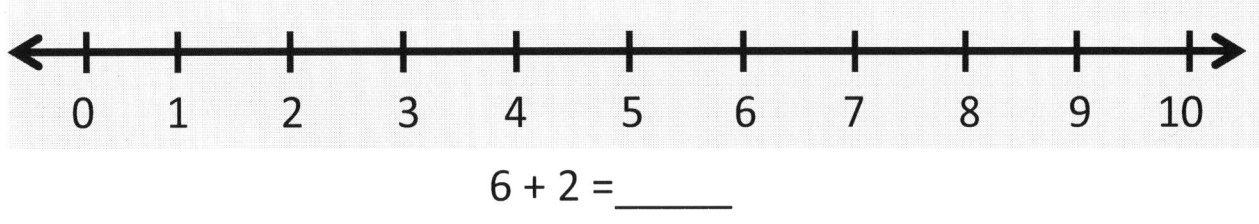

6 + 2 = _____

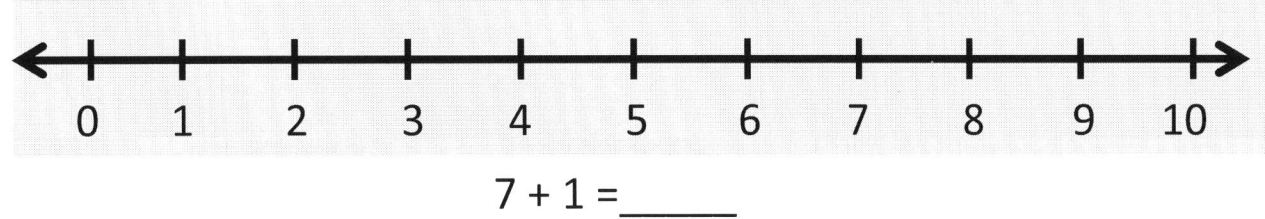

7 + 1 = _____

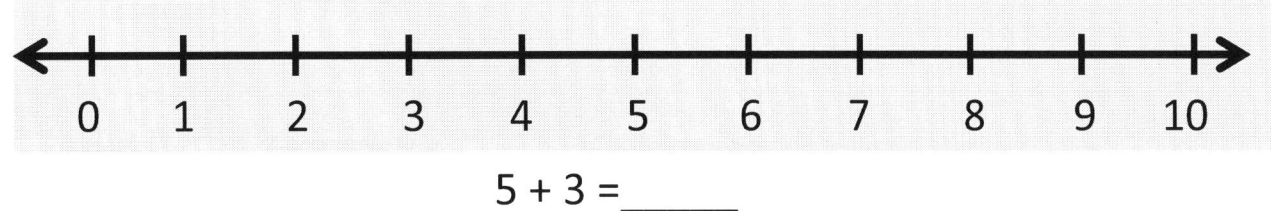

5 + 3 = _____

Date : _____
Name : _____
time : _____
Score : _____

**Day 2**

## number batterns

adding by plotting jumps on the number line.

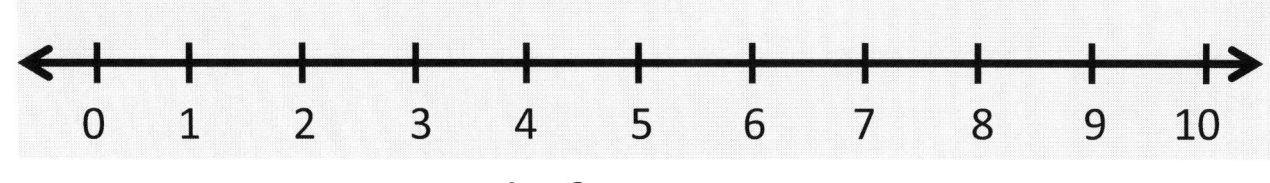

1 + 3 = _____

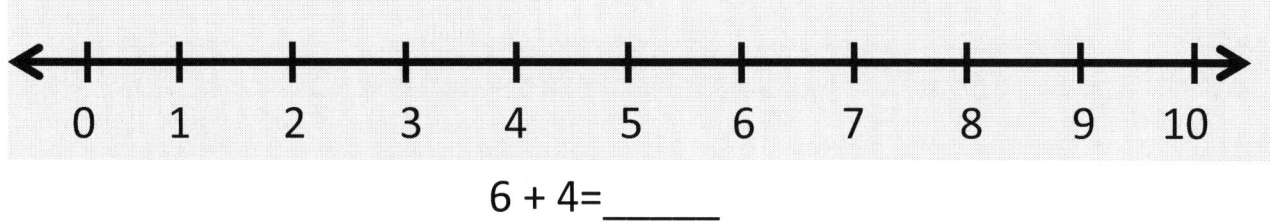

6 + 4 = _____

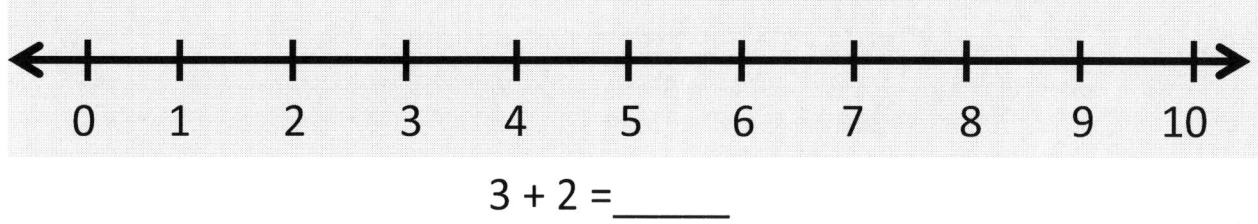

3 + 2 = _____

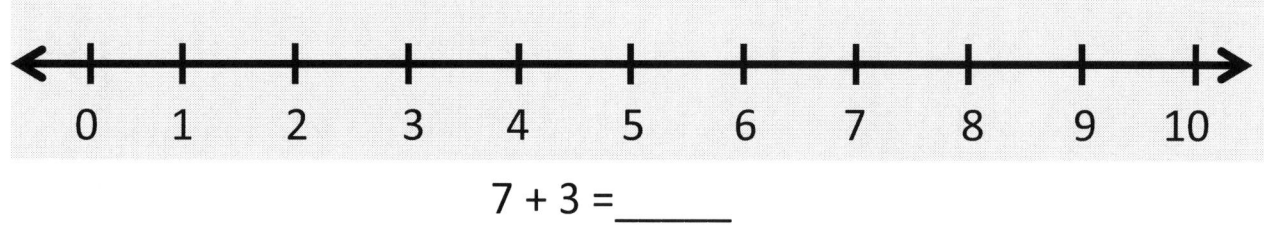

7 + 3 = _____

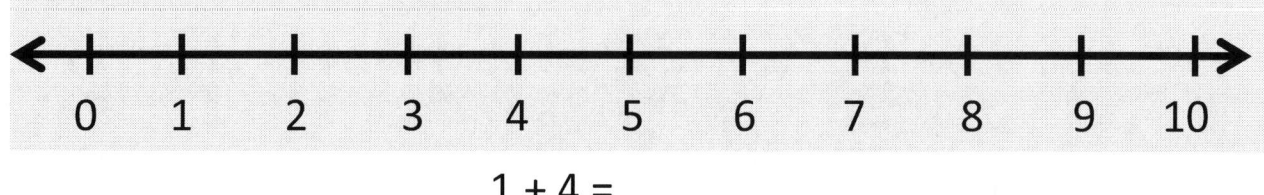

1 + 4 = _____

# number batterns

**Day 3**

adding by plotting jumps on the number line.

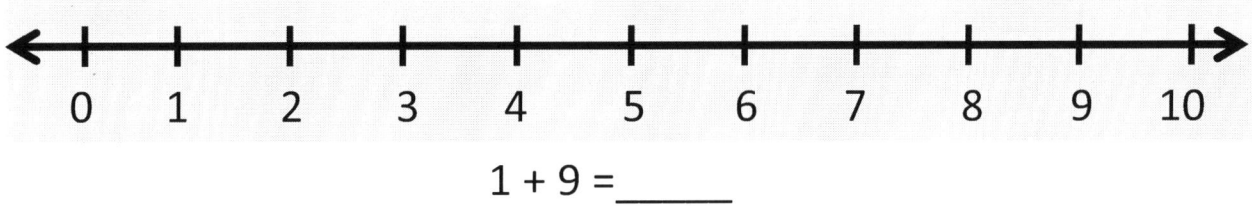

1 + 9 = _____

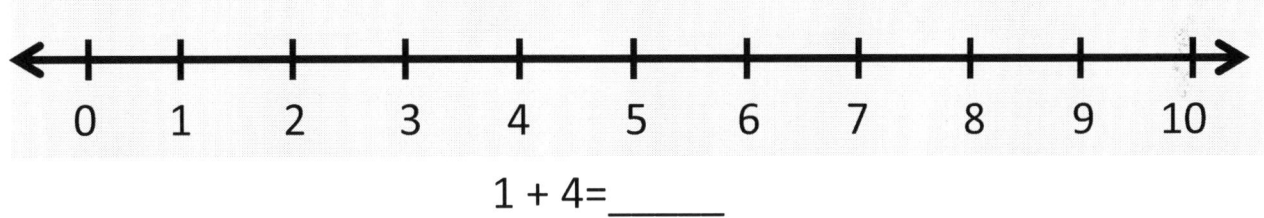

1 + 4 = _____

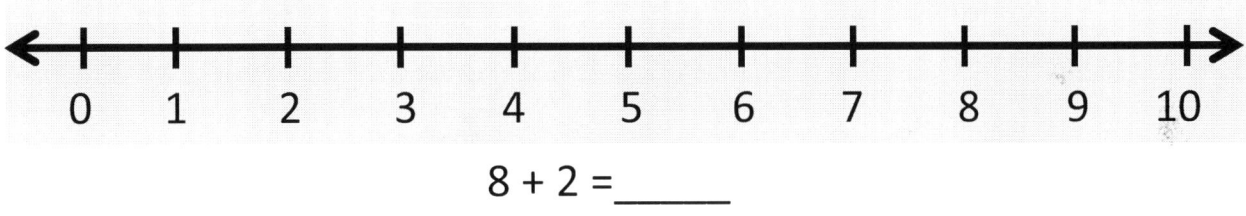

8 + 2 = _____

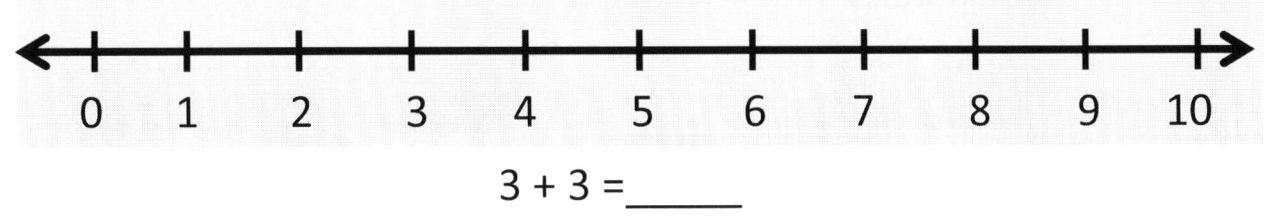

3 + 3 = _____

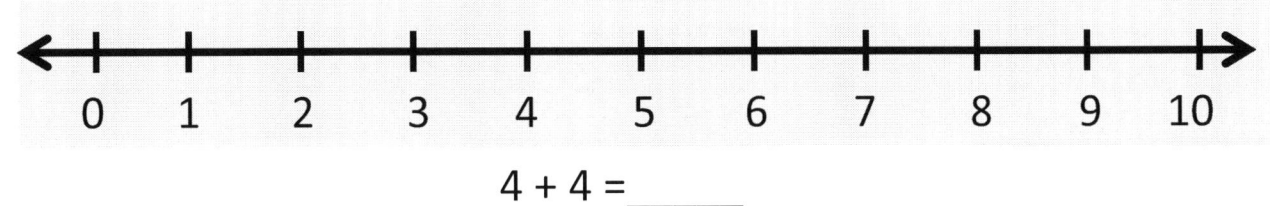

4 + 4 = _____

Date : _____
Name : _____

time : _____
Score : _____

**Day 4**

# number batterns

o Cross out the shapes according to the number sentences. Then, find the answers.

● ● ● ●
4 - 2 = \_\_\_\_

● ● ● ● ●
5 – 4 = \_\_\_\_

● ● ● ● ● ●
6 - 3 = \_\_\_\_

● ● ● ● ●
5 – 1 = \_\_\_\_

● ● ● ● ● ●
6 – 1 = \_\_\_\_

● ● ● ●
4 – 3 = \_\_\_\_

● ● ● ● ● ●
6 – 4 = \_\_\_\_

● ● ● ●
4 – 1 = \_\_\_\_

● ● ● ● ● ●
6 – 5 = \_\_\_\_

● ● ● ● ● ●
6 – 2 = \_\_\_\_

● ● ● ● ●
5 – 2 = \_\_\_\_

● ● ● ● ● ● ●
7 – 2 = \_\_\_\_

# number batterns

**Day 5**

○ Cross out the shapes according to the number sentences. Then, find the answers.

| ● ● ● ● ● ● ●  7 − 1 = ___ | ● ● ● ● ● ● ●  7 − 6 = ___ |
| ● ● ● ● ● ● ●  7 − 5 = ___ | ● ● ● ● ● ● ●  7 − 3 = ___ |
| ● ● ● ● ● ● ●  7 − 4 = ___ | ● ● ● ● ● ● ● ●  8 − 2 = ___ |
| ● ● ● ● ● ● ● ●  8 − 4 = ___ | ● ● ● ● ● ● ● ●  8 − 6 = ___ |
| ● ● ● ● ● ● ● ●  8 − 7 = ___ | ● ● ● ● ● ● ● ●  8 − 1 = ___ |
| ● ● ● ● ● ● ● ●  8 − 3 = ___ | ● ● ● ● ● ● ● ●  8 − 8 = ___ |

# number batterns

**Day 6**

○ Cross out the shapes according to the number sentences. Then, find the answers.

| | |
|---|---|
| 3 - 1 = ___ | 10 – 6 = ___ |
| 2 - 1 = ___ | 10 – 3 = ___ |
| 3 – 2 = ___ | 9 – 2 = ___ |
| 2 – 2 = ___ | 9 – 6 = ___ |
| 9 – 7 = ___ | 9 – 5 = ___ |
| 9 – 8 = ___ | 10 – 7 = ___ |

# ADDITION AND SUBTRACTION

## ONE DIGIT

# addition

**Day 7**

1. 5 + 4 =
2. 5 + 1 =
3. 2 + 8 =
4. 7 + 8 =
5. 5 + 3 =
6. 8 + 7 =
7. 5 + 2 =
8. 2 + 9 =
9. 6 + 3 =
10. 4 + 9 =
11. 4 + 7 =
12. 2 + 4 =
13. 2 + 7 =
14. 3 + 7 =
15. 1 + 7 =
16. 9 + 4 =
17. 5 + 4 =
18. 5 + 3 =
19. 7 + 3 =
20. 2 + 3 =

# addition

**Day 8**

1. 4 + 4 =
2. 2 + 1 =
3. 2 + 3 =
4. 5 + 8 =
5. 5 + 6 =
6. 3 + 7 =
7. 5 + 1 =
8. 2 + 2 =
9. 8 + 3 =
10. 4 + 7 =
11. 5 + 7 =
12. 8 + 4 =
13. 2 + 9 =
14. 7 + 7 =
15. 5 + 7 =
16. 3 + 4 =
17. 2 + 4 =
18. 5 + 1 =
19. 7 + 2 =
20. 4 + 3 =

# addition

**Day 9**

1. $2 + 4 =$
2. $5 + 4 =$
3. $8 + 8 =$
4. $7 + 2 =$
5. $5 + 6 =$
6. $8 + 5 =$
7. $3 + 2 =$
8. $2 + 9 =$
9. $6 + 1 =$
10. $7 + 9 =$
11. $1 + 7 =$
12. $2 + 1 =$
13. $3 + 7 =$
14. $3 + 4 =$
15. $5 + 7 =$
16. $8 + 4 =$
17. $5 + 7 =$
18. $6 + 3 =$
19. $7 + 5 =$
20. $6 + 3 =$

# addition

**Day 10**

1. 5 + 4 =
2. 2 + 6 =
3. 8 + 3 =
4. 9 + 8 =
5. 7 + 6 =
6. 3 + 6 =
7. 4 + 1 =
8. 2 + 1 =
9. 5 + 3 =
10. 2 + 7 =
11. 8 + 7 =
12. 8 + 7 =
13. 2 + 2 =
14. 7 + 0 =
15. 5 + 3 =
16. 7 + 4 =
17. 2 + 6 =
18. 5 + 3 =
19. 2 + 2 =
20. 7 + 3 =

# addition

**Day 11**

1. 8 + 2 =
2. 5 + 1 =
3. 2 + 4 =
4. 7 + 7 =
5. 5 + 8 =
6. 8 + 9 =
7. 7 + 2 =
8. 3 + 9 =
9. 6 + 2 =
10. 6 + 9 =
11. 1 + 7 =
12. 0 + 4 =
13. 2 + 8 =
14. 3 + 9 =
15. 3 + 7 =
16. 9 + 5 =
17. 1 + 4 =
18. 5 + 2 =
19. 8 + 3 =
20. 4 + 3 =

# addition

**Day 12**

1. 4 + 0 =
2. 2 + 1 =
3. 2 + 4 =
4. 8 + 8 =
5. 5 + 2 =

6. 4 + 7 =
7. 5 + 2 =
8. 2 + 3 =
9. 7 + 3 =
10. 6 + 7 =

11. 6 + 7 =
12. 9 + 4 =
13. 9 + 9 =
14. 4 + 7 =
15. 3 + 7 =

16. 3 + 1 =
17. 0 + 4 =
18. 8 + 1 =
19. 7 + 4 =
20. 2 + 3 =

# subtraction

**Day 14**

1. 9 − 4 =
2. 5 − 4 =
3. 8 − 8 =
4. 7 − 2 =
5. 5 − 2 =
6. 8 − 5 =
7. 3 − 2 =
8. 9 − 9 =
9. 6 − 1 =
10. 7 − 3 =
11. 8 − 7 =
12. 2 − 1 =
13. 3 − 1 =
14. 8 − 4 =
15. 9 − 7 =
16. 8 − 4 =
17. 5 − 1 =
18. 6 − 3 =
19. 7 − 5 =
20. 6 − 3 =

Date: _____  time: _____
Name: _____  Score: _____

**Day 15** — subtraction

1. 5 − 4 =
2. 5 − 1 =
3. 8 − 3 =
4. 9 − 8 =
5. 7 − 6 =
6. 3 − 2 =
7. 4 − 1 =
8. 2 − 1 =
9. 5 − 3 =
10. 7 − 3 =
11. 8 − 2 =
12. 8 − 7 =
13. 2 − 2 =
14. 7 − 0 =
15. 5 − 3 =
16. 7 − 4 =
17. 8 − 6 =
18. 5 − 3 =
19. 2 − 2 =
20. 7 − 3 =

# subtraction

**Day 16**

1. 8 − 2 =
2. 5 − 1 =
3. 2 − 1 =
4. 7 − 7 =
5. 9 − 8 =
6. 8 − 1 =
7. 7 − 2 =
8. 3 − 1 =
9. 6 − 2 =
10. 6 − 3 =
11. 4 − 2 =
12. 6 − 4 =
13. 2 − 2 =
14. 8 − 5 =
15. 9 − 7 =
16. 9 − 5 =
17. 6 − 4 =
18. 5 − 2 =
19. 8 − 3 =
20. 4 − 3 =

# subtraction

Day 17

1. 4 - 0 =
2. 2 - 1 =
3. 5 - 4 =
4. 8 - 8 =
5. 5 - 2 =
6. 4 - 1 =
7. 5 - 2 =
8. 2 - 0 =
9. 7 - 3 =
10. 9 - 7 =
11. 6 - 4 =
12. 9 - 4 =
13. 9 - 9 =
14. 4 - 2 =
15. 9 - 7 =
16. 3 - 1 =
17. 5 - 4 =
18. 8 - 1 =
19. 7 - 4 =
20. 2 - 1 =

# subtraction

Day 18

1. 8 - 2 =
2. 9 - 4 =
3. 8 - 7 =
4. 7 - 1 =
5. 7 - 6 =

6. 6 - 5 =
7. 8 - 2 =
8. 3 - 2 =
9. 6 - 4 =
10. 5 - 1 =

11. 9 - 7 =
12. 3 - 1 =
13. 7 - 5 =
14. 2 - 1 =
15. 8 - 7 =

16. 8 - 2 =
17. 8 - 7 =
18. 5 - 3 =
19. 9 - 5 =
20. 4 - 3 =

# subtraction

**Day 19**

1. 4 − 3 =
2. 5 − 1 =
3. 6 − 4 =
4. 9 − 8 =
5. 8 − 6 =
6. 1 − 1 =
7. 4 − 1 =
8. 2 − 1 =
9. 8 − 5 =
10. 9 − 7 =
11. 5 − 1 =
12. 4 − 4 =
13. 7 − 3 =
14. 9 − 7 =
15. 5 − 2 =
16. 7 − 4 =
17. 2 − 1 =
18. 3 − 1 =
19. 9 − 8 =
20. 5 − 3 =

# ADDITION AND SUBTRACTION

## DOUBLE DIGIT

Date : _____    time : _____
Name : _____  Score : _____

**Day 20** — addition

1. 53 + 47 =
2. 56 + 47 =
3. 54 + 87 =
4. 58 + 47 =
5. 54 + 27 =
6. 64 + 97 =
7. 54 + 27 =
8. 24 + 47 =
9. 58 + 27 =
10. 94 + 42 =
11. 54 + 47 =
12. 82 + 36 =

**Day 21** — addition

1. 43 + 17 =
2. 56 + 46 =
3. 31 + 85 =
4. 42 + 43 =
5. 44 + 37 =
6. 43 + 81 =
7. 54 + 46 =
8. 24 + 48 =
9. 58 + 27 =
10. 94 + 42 =
11. 42 + 47 =
12. 84 + 46 =

# addition

**Day 22**

1. 53 + 37 =

2. 52 + 37 =

3. 18 + 86 =

4. 54 + 77 =

5. 24 + 36 =

6. 65 + 67 =

7. 28 + 37 =

8. 62 + 47 =

9. 12 + 37 =

10. 74 + 12 =

11. 54 + 31 =

12. 81 + 46 =

Date : _____        time : _____
Name : _____                            Score : _____

**Day 23** — addition

1.  41 + 27 =
2.  56 + 46 =
3.  31 + 85 =
4.  42 + 63 =
5.  44 + 37 =
6.  43 + 81 =
7.  54 + 46 =
8.  34 + 49 =
9.  88 + 27 =
10. 96 + 12 =
11. 42 + 15 =
12. 84 + 66 =

# addition

**Day 24**

1.  53 + 44 =

2.  56 + 57 =

3.  24 + 87 =

4.  58 + 42 =

5.  24 + 27 =

6.  34 + 97 =

7.  54 + 29 =

8.  24 + 57 =

9.  58 + 97 =

10. 93 + 42 =

11. 54 + 44 =

12. 89 + 76 =

# addition

**Day 25**

1. 43 + 13 =
2. 16 + 26 =
3. 30 + 05 =
4. 42 + 13 =
5. 44 + 27 =
6. 03 + 81 =
7. 14 + 41 =
8. 24 + 42 =
9. 58 + 23 =
10. 94 + 45 =
11. 41 + 47 =
12. 84 + 56 =

# subtraction

**Day 26**

1. 43 - 17 =

2. 56 - 46 =

3. 81 - 35 =

4. 49 - 43 =

5. 44 - 37 =

6. 73 - 41 =

7. 54 - 46 =

8. 49 - 48 =

9. 58 - 27 =

10. 94 - 42 =

11. 56 - 47 =

12. 84 - 46 =

# subtraction

**Day 27**

1.  53 − 37 =

2.  52 − 37 =

3.  88 − 26 =

4.  54 − 39 =

5.  36 − 36 =

6.  75 − 69 =

7.  68 − 47 =

8.  62 − 47 =

9.  42 − 37 =

10. 74 − 12 =

11. 54 − 31 =

12. 81 − 46 =

# subtraction

**Day 28**

1. 41 − 27 =
2. 56 − 46 =
3. 81 − 35 =
4. 62 − 13 =
5. 44 − 37 =
6. 43 − 21 =
7. 54 − 46 =
8. 64 − 49 =
9. 88 − 27 =
10. 96 − 12 =
11. 42 − 15 =
12. 84 − 66 =

# subtraction

**Day 29**

1. 53 − 44 =
2. 56 − 50 =
3. 94 − 87 =
4. 58 − 42 =
5. 24 − 21 =
6. 34 − 17 =
7. 54 − 29 =
8. 24 − 17 =
9. 78 − 27 =
10. 93 − 42 =
11. 54 − 44 =
12. 89 − 76 =

Date : _____
Name : _____
time : _____
Score : _____

**subtraction**

Day 30

1.  43 − 13 =
2.  46 − 26 =
3.  30 − 05 =
4.  42 − 13 =
5.  44 − 27 =
6.  63 − 41 =
7.  64 − 41 =
8.  74 − 42 =
9.  58 − 23 =
10. 94 − 45 =
11. 41 − 17 =
12. 84 − 56 =

35

Date : _____   time : _____
Name : _____   Score : _____

**Day 31** — subtraction

1. 94 - 72 =
2. 22 - 13 =
3. 57 - 47 =
4. 64 - 37 =
5. 24 - 16 =
6. 45 - 37 =
7. 98 - 37 =
8. 62 - 57 =
9. 26 - 15 =
10. 44 - 02 =
11. 40 - 21 =
12. 31 - 16 =

# MULTIPLICATION
## ONE DIGIT / DOUBLE DIGIT

# Multiplication chart

| ×  | 0  | 1  | 2  | 3  | 4  | 5  | 6  | 7  | 8  | 9  | 10  | 11  | 12  |
|----|----|----|----|----|----|----|----|----|----|----|-----|-----|-----|
| 1  | 1  | 2  | 3  | 4  | 5  | 6  | 7  | 8  | 9  | 10 | 11  | 12  |     |
| 2  | 2  | 4  | 6  | 8  | 10 | 12 | 14 | 16 | 18 | 20 | 22  | 24  |     |
| 3  | 3  | 6  | 9  | 12 | 15 | 18 | 21 | 24 | 27 | 30 | 33  | 36  |     |
| 4  | 4  | 8  | 12 | 16 | 20 | 24 | 28 | 32 | 36 | 40 | 44  | 48  |     |
| 5  | 5  | 10 | 15 | 20 | 25 | 30 | 35 | 40 | 45 | 50 | 55  | 60  |     |
| 6  | 6  | 12 | 18 | 24 | 30 | 36 | 42 | 48 | 54 | 60 | 66  | 72  |     |
| 7  | 7  | 14 | 21 | 28 | 35 | 42 | 49 | 56 | 63 | 70 | 77  | 84  |     |
| 8  | 8  | 16 | 24 | 32 | 40 | 48 | 56 | 64 | 72 | 80 | 88  | 96  |     |
| 9  | 9  | 18 | 27 | 36 | 45 | 54 | 63 | 72 | 81 | 90 | 99  | 108 |     |
| 10 | 10 | 20 | 30 | 40 | 50 | 60 | 70 | 80 | 90 | 100| 110 | 120 |     |
| 11 | 11 | 22 | 33 | 44 | 55 | 66 | 77 | 88 | 99 | 110| 121 | 132 |     |
| 12 | 12 | 24 | 36 | 48 | 60 | 72 | 84 | 96 | 108| 120| 132 | 144 |     |

# Multiplication

**Day 32**

1. × 9/2 =
2. × 5/8 =
3. × 2/4 =
4. × 7/4 =
5. × 1/8 =
6. × 7/9 =
7. × 1/2 =
8. × 3/9 =
9. × 2/2 =
10. × 6/9 =
11. × 0/7 =
12. × 7/4 =
13. × 5/8 =
14. × 6/9 =
15. × 3/3 =
16. × 7/5 =
17. × 2/4 =
18. × 5/5 =
19. × 6/3 =
20. × 8/5 =

Date : _____    time : _____
Name : _____     Score : _____

**Day 33** — **Multiplication**

1. × 9 / 2 =
2. × 5 / 8 =
3. × 2 / 4 =
4. × 7 / 4 =
5. × 1 / 8 =

6. × 7 / 9 =
7. × 1 / 2 =
8. × 3 / 9 =
9. × 2 / 2 =
10. × 6 / 9 =

11. × 0 / 7 =
12. × 7 / 4 =
13. × 5 / 8 =
14. × 6 / 9 =
15. × 3 / 3 =

16. × 7 / 5 =
17. × 2 / 4 =
18. × 5 / 5 =
19. × 6 / 3 =
20. × 8 / 5 =

# Multiplication

**Day 34**

1. × 1 / 0 =
2. × 2 / 3 =
3. × 2 / 3 =
4. × 2 / 8 =
5. × 5 / 7 =
6. × 8 / 7 =
7. × 5 / 6 =
8. × 2 / 2 =
9. × 9 / 3 =
10. × 8 / 7 =
11. × 5 / 7 =
12. × 9 / 2 =
13. × 7 / 9 =
14. × 3 / 7 =
15. × 2 / 7 =
16. × 2 / 1 =
17. × 0 / 4 =
18. × 8 / 0 =
19. × 0 / 4 =
20. × 1 / 3 =

# Multiplication

**Day 35**

1. 7 × 2 =
2. 2 × 2 =
3. 8 × 7 =
4. 4 × 1 =
5. 3 × 6 =
6. 4 × 5 =
7. 5 × 2 =
8. 3 × 3 =
9. 2 × 4 =
10. 2 × 9 =
11. 1 × 7 =
12. 4 × 1 =
13. 2 × 5 =
14. 1 × 4 =
15. 8 × 1 =
16. 2 × 2 =
17. 6 × 3 =
18. 9 × 3 =
19. 7 × 5 =
20. 2 × 3 =

Date: _____   time: _____
Name: _____   Score: _____

**Day 36** — **Multiplication**

1. 9 × 4 =
2. 2 × 3 =
3. 2 × 5 =
4. 3 × 8 =
5. 7 × 2 =

6. 8 × 6 =
7. 5 × 3 =
8. 5 × 3 =
9. 6 × 1 =
10. 3 × 7 =

11. 5 × 7 =
12. 8 × 6 =
13. 4 × 3 =
14. 3 × 1 =
15. 9 × 3 =

16. 1 × 8 =
17. 1 × 6 =
18. 0 × 3 =
19. 5 × 3 =
20. 3 × 3 =

# Multiplication — Day 37

1. 7 × 4 =
2. 5 × 2 =
3. 2 × 8 =
4. 5 × 8 =
5. 5 × 4 =
6. 8 × 6 =
7. 6 × 2 =
8. 4 × 9 =
9. 6 × 8 =
10. 9 × 9 =
11. 9 × 7 =
12. 2 × 2 =
13. 2 × 5 =
14. 8 × 7 =
15. 3 × 7 =
16. 9 × 1 =
17. 6 × 4 =
18. 7 × 3 =
19. 7 × 6 =
20. 9 × 3 =

Date : _____
Name : _____
time : _____
Score : _____

# Multiplication

**Day 38**

1.  
| X | 4 | 2 |
|---|---|---|
|   | 6 | 4 |
| = |   |   |

2.  
| X | 3 | 6 |
|---|---|---|
|   | 2 | 3 |
| = |   |   |

3.  
| X | 8 | 6 |
|---|---|---|
|   | 4 | 7 |
| = |   |   |

4.  
| X | 0 | 2 |
|---|---|---|
|   | 7 | 2 |
| = |   |   |

5.  
| X | 3 | 4 |
|---|---|---|
|   | 4 | 8 |
| = |   |   |

6.  
| X | 5 | 1 |
|---|---|---|
|   | 2 | 7 |
| = |   |   |

7.  
| X | 6 | 0 |
|---|---|---|
|   | 3 | 9 |
| = |   |   |

8.  
| X | 6 | 4 |
|---|---|---|
|   | 4 | 2 |
| = |   |   |

9.  
| X | 4 | 6 |
|---|---|---|
|   | 1 | 7 |
| = |   |   |

10.  
| X | 2 | 8 |
|---|---|---|
|   | 1 | 2 |
| = |   |   |

11.  
| X | 7 | 4 |
|---|---|---|
|   | 5 | 4 |
| = |   |   |

12.  
| X | 3 | 0 |
|---|---|---|
|   | 6 | 6 |
| = |   |   |

Date : _____  
Name : _____  
time : _____  
Score : _____  

O.D.B KIDS

Day 39

## Multiplication

1.  
| X | 0 | 5 |
|---|---|---|
|   | 3 | 3 |
| = |   |   |

2.  
| X | 6 | 6 |
|---|---|---|
|   | 3 | 0 |
| = |   |   |

3.  
| X | 7 | 9 |
|---|---|---|
|   | 2 | 5 |
| = |   |   |

4.  
| X | 1 | 5 |
|---|---|---|
|   | 1 | 3 |
| = |   |   |

5.  
| X | 8 | 4 |
|---|---|---|
|   | 0 | 7 |
| = |   |   |

6.  
| X | 6 | 3 |
|---|---|---|
|   | 7 | 0 |
| = |   |   |

7.  
| X | 8 | 3 |
|---|---|---|
|   | 2 | 1 |
| = |   |   |

8.  
| X | 6 | 4 |
|---|---|---|
|   | 0 | 3 |
| = |   |   |

9.  
| X | 8 | 2 |
|---|---|---|
|   | 1 | 3 |
| = |   |   |

10.  
| X | 7 | 4 |
|---|---|---|
|   | 1 | 3 |
| = |   |   |

11.  
| X | 6 | 1 |
|---|---|---|
|   | 5 | 4 |
| = |   |   |

12.  
| X | 0 | 4 |
|---|---|---|
|   | 0 | 8 |
| = |   |   |

# Multiplication

**Day 40**

1. 74 × 23 =

2. 32 × 10 =

3. 70 × 67 =

4. 04 × 37 =

5. 34 × 16 =

6. 70 × 37 =

7. 38 × 84 =

8. 12 × 07 =

9. 14 × 17 =

10. 34 × 02 =

11. 10 × 91 =

12. 83 × 16 =

Date : _____  
Name : _____  
time : _____  
Score : _____

**Day 41**

## Multiplication

1. 
| × | 6 | 1 |
|---|---|---|
|   | 4 | 7 |
| = |   |   |

2. 
| × | 4 | 0 |
|---|---|---|
|   | 2 | 6 |
| = |   |   |

3. 
| × | 3 | 1 |
|---|---|---|
|   | 2 | 5 |
| = |   |   |

4. 
| × | 4 | 3 |
|---|---|---|
|   | 2 | 3 |
| = |   |   |

5. 
| × | 9 | 1 |
|---|---|---|
|   | 5 | 7 |
| = |   |   |

6. 
| × | 1 | 1 |
|---|---|---|
|   | 4 | 1 |
| = |   |   |

7. 
| × | 3 | 4 |
|---|---|---|
|   | 1 | 7 |
| = |   |   |

8. 
| × | 4 | 4 |
|---|---|---|
|   | 7 | 5 |
| = |   |   |

9. 
| × | 1 | 4 |
|---|---|---|
|   | 1 | 7 |
| = |   |   |

10. 
| × | 4 | 5 |
|---|---|---|
|   | 1 | 6 |
| = |   |   |

11. 
| × | 4 | 2 |
|---|---|---|
|   | 2 | 3 |
| = |   |   |

12. 
| × | 4 | 3 |
|---|---|---|
|   | 3 | 0 |
| = |   |   |

# Multiplication

**Day 42**

1. 13 × 77 =

2. 86 × 27 =

3. 74 × 67 =

4. 68 × 47 =

5. 54 × 10 =

6. 54 × 37 =

7. 74 × 30 =

8. 24 × 18 =

9. 45 × 87 =

10. 74 × 22 =

11. 14 × 07 =

12. 12 × 13 =

# Multiplication

**Day 43**

1. X  23 × 17 =

2. X  46 × 16 =

3. X  51 × 25 =

4. X  92 × 73 =

5. X  84 × 27 =

6. X  83 × 41 =

7. X  14 × 76 =

8. X  94 × 88 =

9. X  38 × 15 =

10. X  44 × 32 =

11. X  73 × 47 =

12. X  37 × 26 =

❖ <u>Color the shapes that have been divided into equal parts</u>

Circles ↳

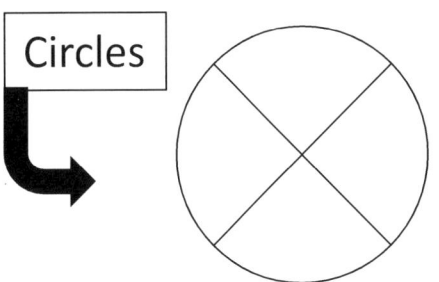 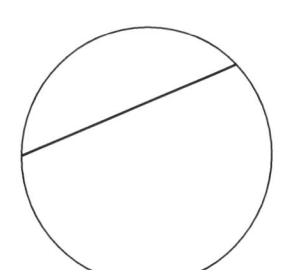 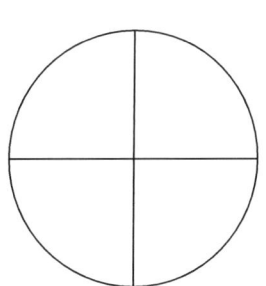

Triangles ↳

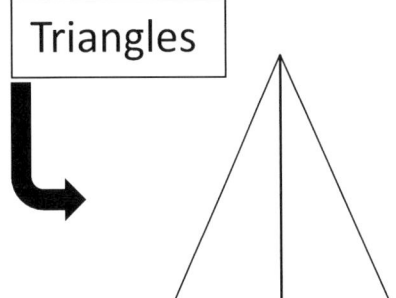 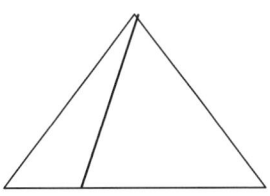 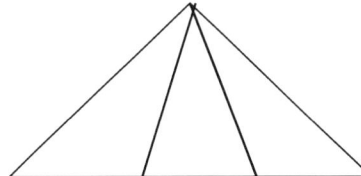

Rectangles ↳

  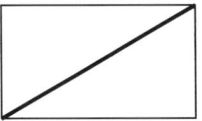

Squares ↳

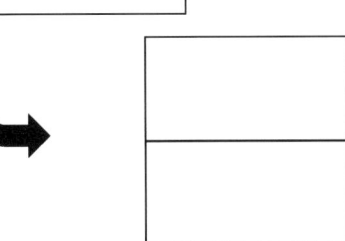 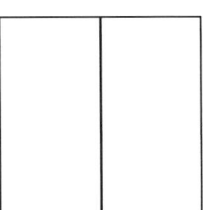 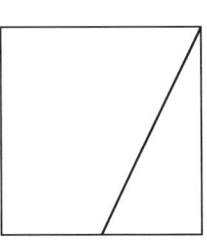

# Fraction

**Day 45**

❖ <u>Color the shapes that have been divided into equal parts</u>

**Circles**

**Triangles**

**Rectangles**

**Squares**

# Fraction

**Day 46**

❖ <u>Color the shapes that have been divided into equal parts</u>

Circles

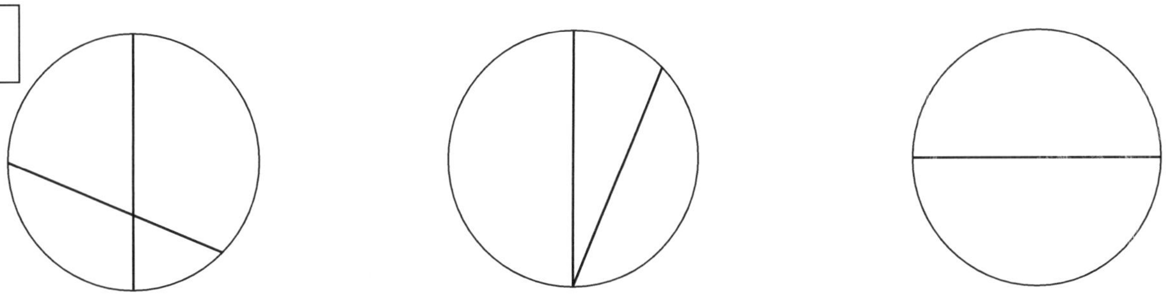

Triangles

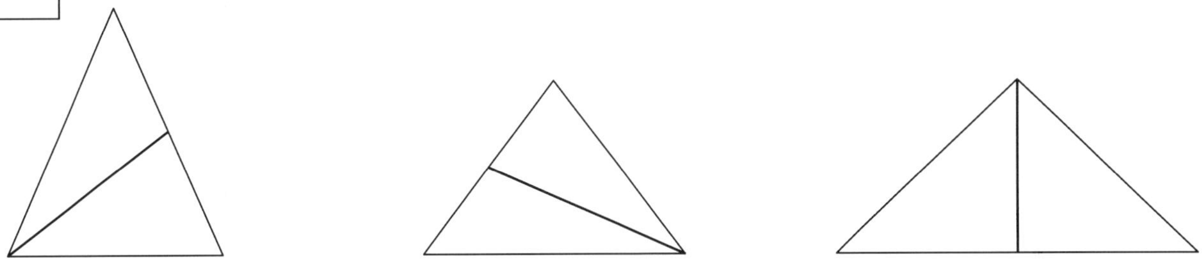

Rectangles

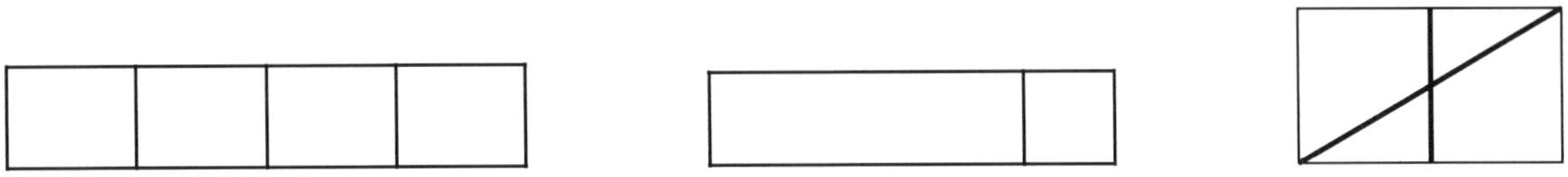

Squares

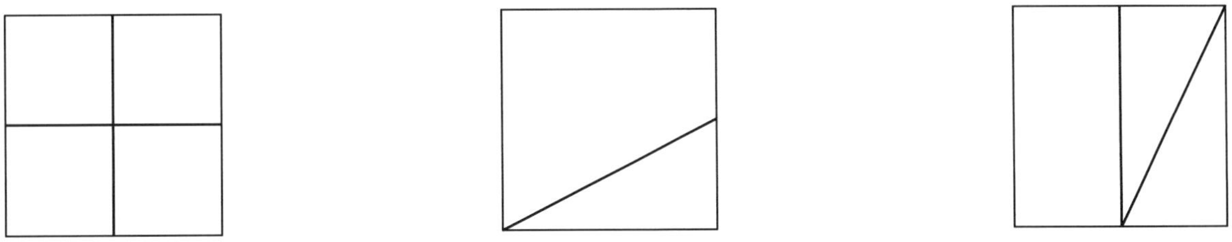

❖ <u>Color the shapes that have been divided into equal parts in blue and unequal parts in red</u>

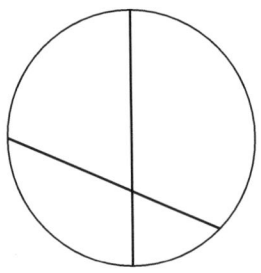 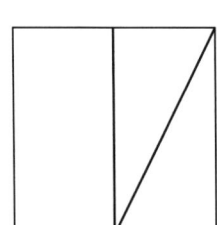 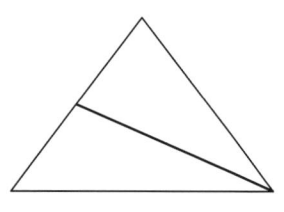

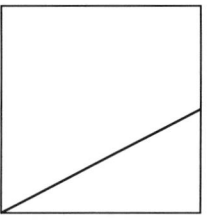 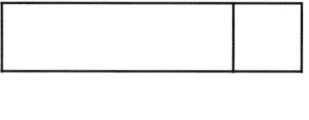 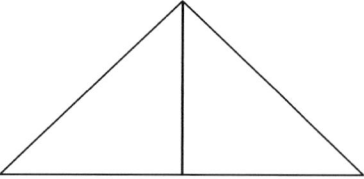

 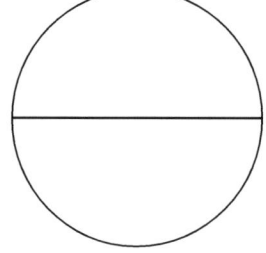 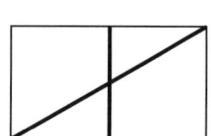

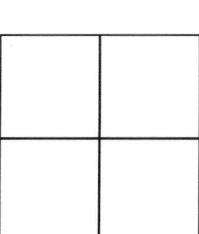 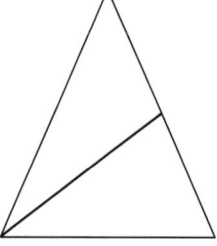 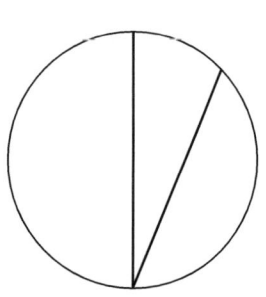

# Fraction

❖ <u>Color the shapes that have been divided into equal parts in blue and unequal parts in red</u>

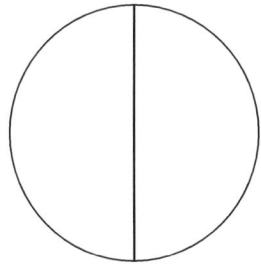 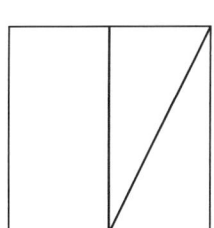 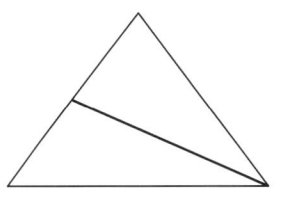

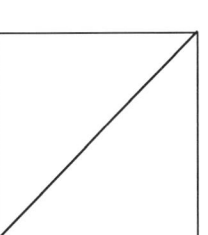 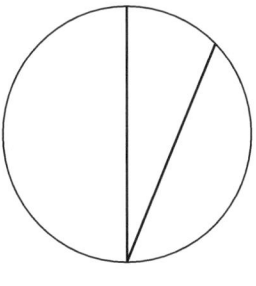 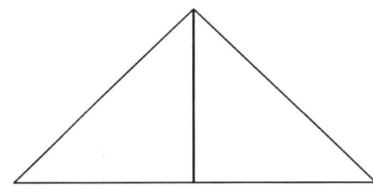

 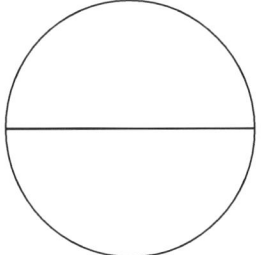 

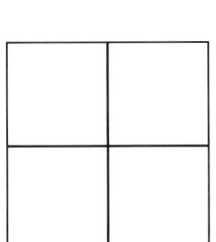 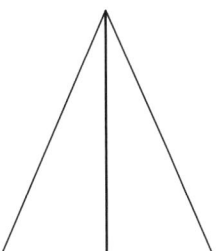

Date : _____    time : _____
Name : _____  Score : _____

**Day 49**

**Fraction**

❖ <u>Color the shapes that have been divided into equal parts in blue and unequal parts in red</u>

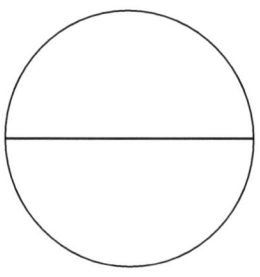 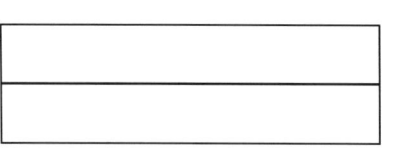 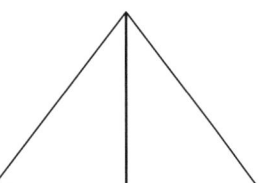

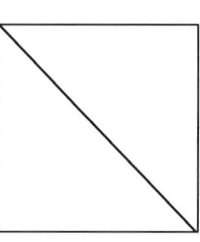 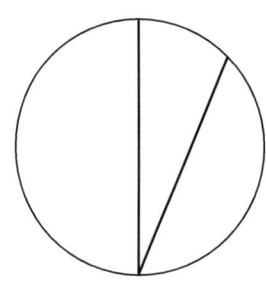 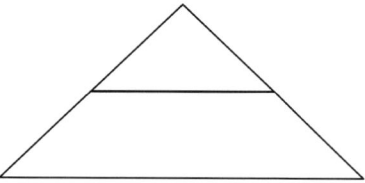

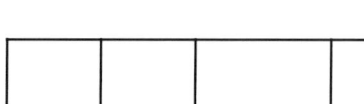 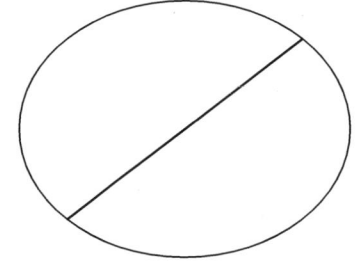 

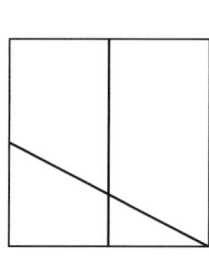 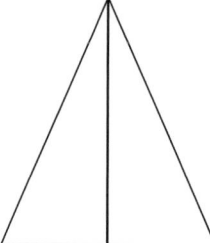

| Date : _____ | | time : _____ |
| --- | --- | --- |
| Name : _____ | | Score : _____ |

**Day 50**

## Fraction

❖ <u>Circle the correct answer if the figure is divided into two or four</u>

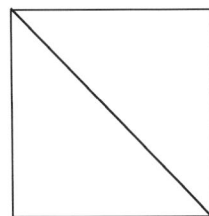

Halves / Quarters

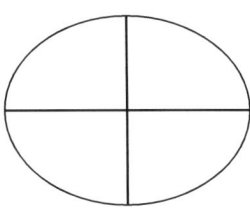

Halves / Quarters

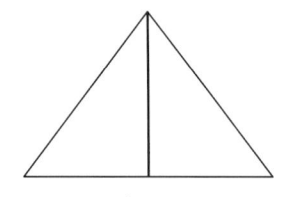

Halves / Quarters

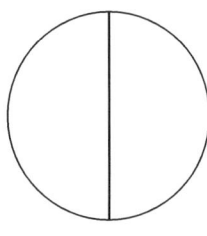

Halves / Quarters

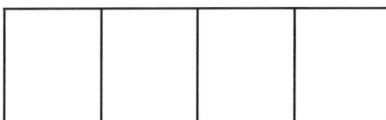

Halves / Quarters

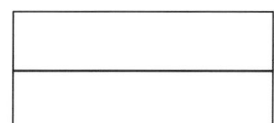

Halves / Quarters

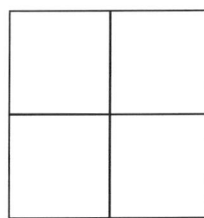

Halves / Quarters

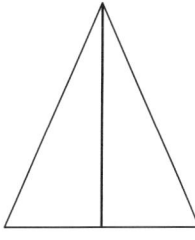

Halves / Quarters

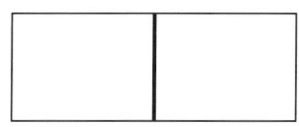

Halves / Quarters

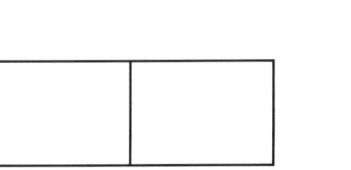

Halves / Quarters

Halves / Quarters

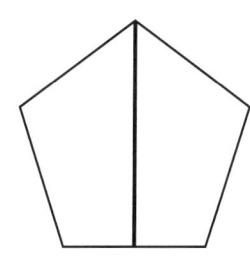

Halves / Quarters

Date : _____
Name : _____

time : _____
Score : _____

**Day 51**

## Fraction

❖ <u>Circle the correct answer if the figure is divided into two or four</u>

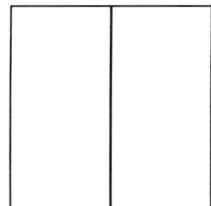
Halves / Quarters

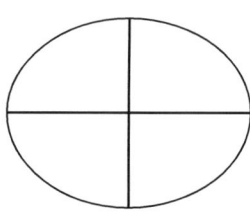
Halves / Quarters

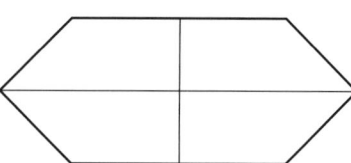
Halves / Quarters

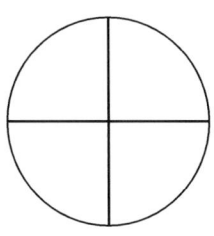
Halves / Quarters

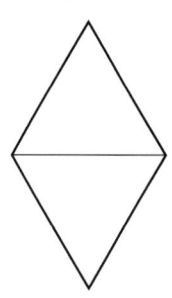
Halves / Quarters

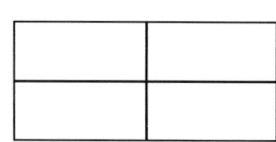
Halves / Quarters

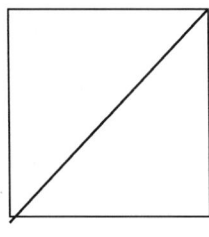
Halves / Quarters

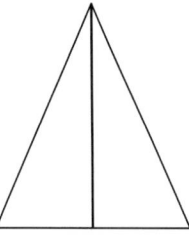
Halves / Quarters

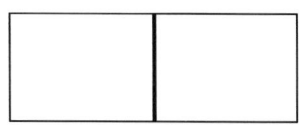
Halves / Quarters

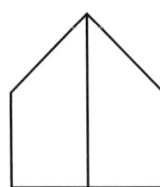
Halves / Quarters

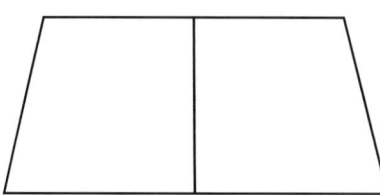
Halves / Quarters

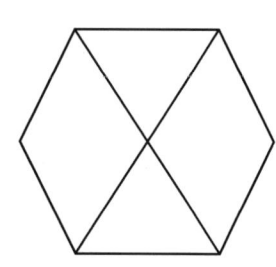
Halves / Quarters

Date : _____
Name : _____

time : _____
Score : _____

**Day 52**

**Fraction**

❖ <u>Circle the correct answer if the figure is divided into two or four</u>

Halves / Quarters

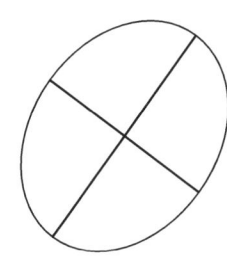
Halves / Quarters

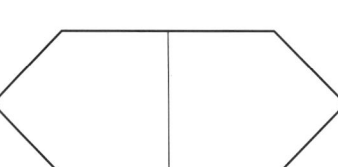
Halves / Quarters

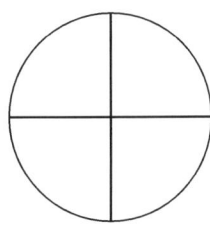
Halves / Quarters

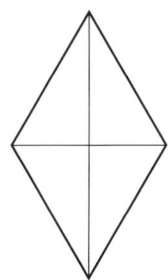
Halves / Quarters

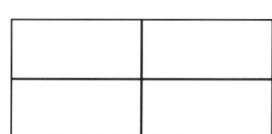
Halves / Quarters

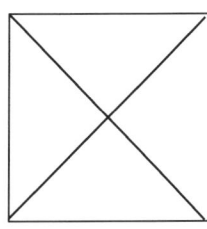
Halves / Quarters

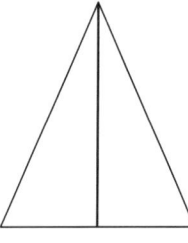
Halves / Quarters

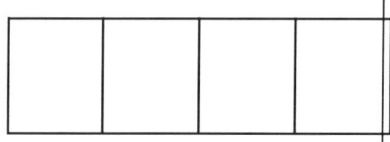
Halves / Quarters

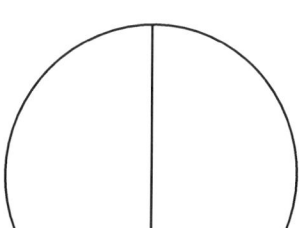
Halves / Quarters

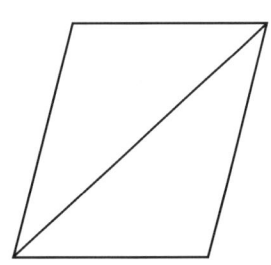
Halves / Quarters

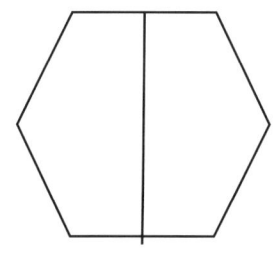
Halves / Quarters

Date : _____   time : _____
Name : _____   Score : _____

# Fraction

**Day 53**

❖ <u>Circle the correct answer if the figure is divided into two, three or four</u>

Halves / **thirds**

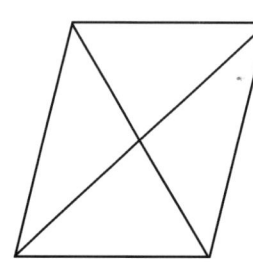
**thirds** / Quarters

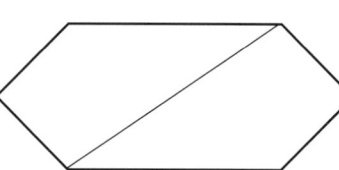
**Halves** / thirds

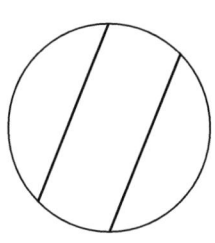
**thirds** / Quarters

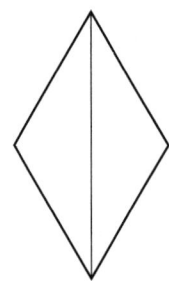
**Halves** / Quarters

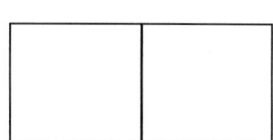
**Halves** / Quarters

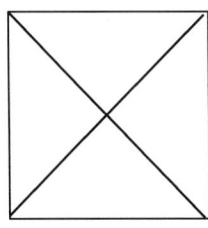
**Halves** / Quarters

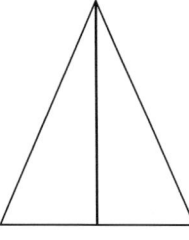
Halves / **thirds**

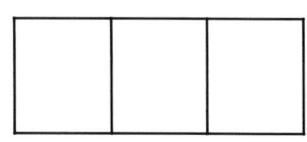
**thirds** / Quarters

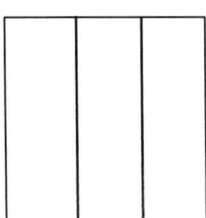
**thirds** / Quarters

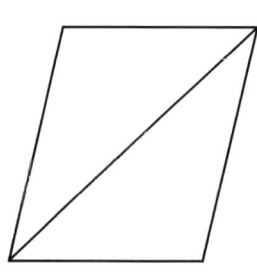
**Halves** / thirds

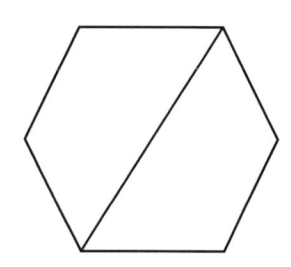
**Halves** / Quarters

❖ Split each shape into the number of equal parts shown.

quarters (4 parts)

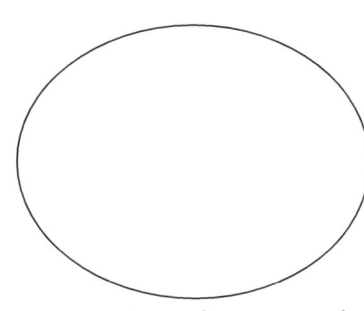
eights (8 parts)

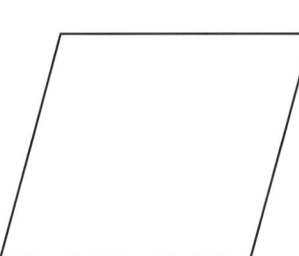
quarters (4 parts)

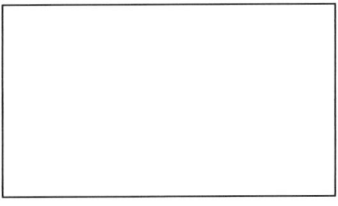
thirds (3 parts)

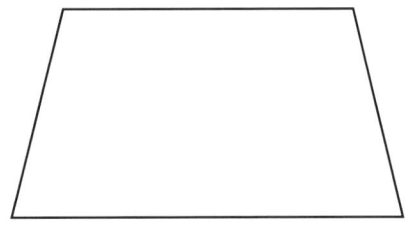
halves (2 parts)

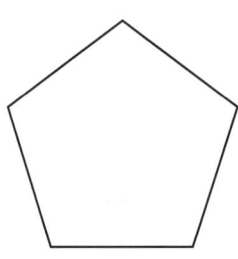
fifths (5 parts)

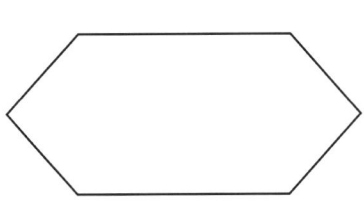
halves (2 parts)

thirds (3 parts)

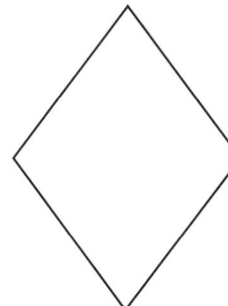
quarters (4 parts)

❖ Remember, all parts must be identical!

Date : _____
Name : _____

time : _____
Score : _____

**Day 55**

**Fraction**

❖ <u>Split each shape into the number of equal parts shown.</u>

fifths (8 parts)

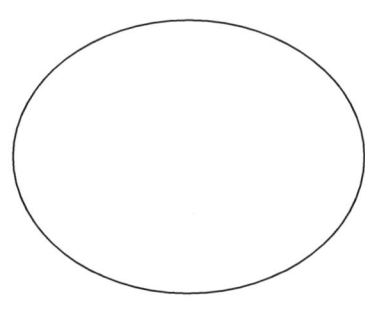
quarters (4 parts)

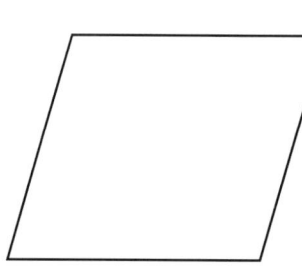
halves (2 parts)

thirds (3 parts)

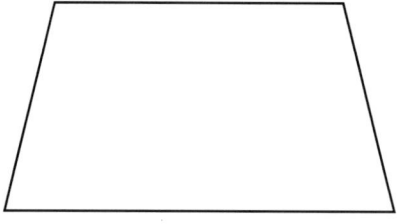
halves (2 parts)

fifths (2 parts)

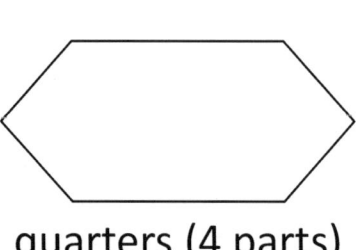
quarters (4 parts)

thirds (3 parts)

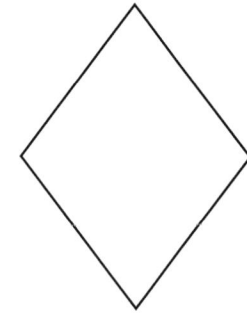
halves (2 parts)

❖ <u>Remember, all parts must be identical!</u>

# Fraction

**Day 56**

❖ <u>What part of every color? Do the right answer.</u>

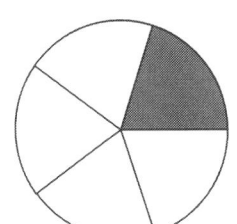  | 1/3 | 1/5 | 1/4 | 1/2 | 1/5 |

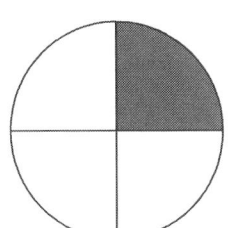  | 1/5 | 1/4 | 1/3 | 1/5 | 1/2 |

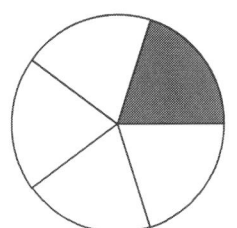  | 1/4 | 1/3 | 1/2 | 1/4 | 1/5 |

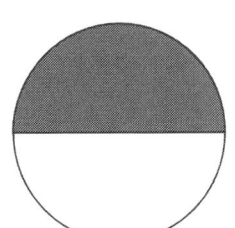  | 1/2 | 1/3 | 1/4 | 1/2 | 1/5 |

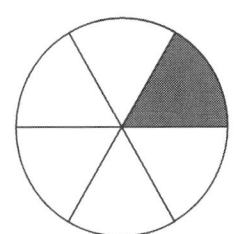  | 1/3 | 1/4 | 1/4 | 1/6 | 1/2 |

# Fraction

**Day 57**

❖ <u>What part of every color? Do the right answer.</u>

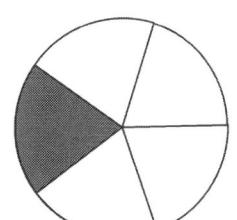  $\frac{1}{3}$   $\frac{1}{5}$   $\frac{1}{4}$   $\frac{1}{2}$   $\frac{1}{5}$

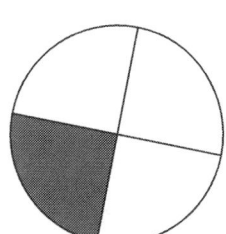  $\frac{1}{5}$   $\frac{1}{4}$   $\frac{1}{3}$   $\frac{1}{5}$   $\frac{1}{2}$

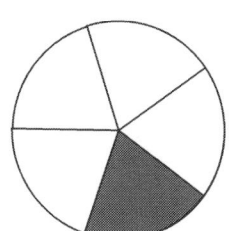  $\frac{1}{4}$   $\frac{1}{3}$   $\frac{1}{2}$   $\frac{1}{4}$   $\frac{1}{5}$

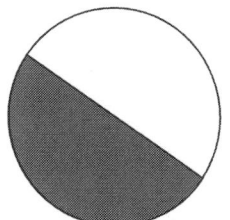  $\frac{1}{2}$   $\frac{1}{3}$   $\frac{1}{4}$   $\frac{1}{2}$   $\frac{1}{5}$

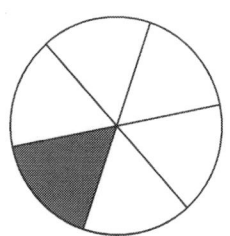  $\frac{1}{3}$   $\frac{1}{4}$   $\frac{1}{4}$   $\frac{1}{6}$   $\frac{1}{2}$

❖ What part of every color? Do the right answer.

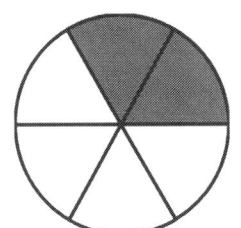

| 2/3 | 1/5 | 2/4 | 2/6 | 3/5 |

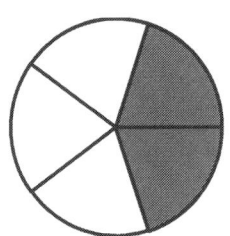

| 3/5 | 2/4 | 1/3 | 2/5 | 1/2 |

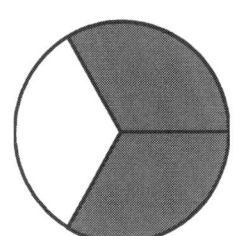

| 2/4 | 3/3 | 2/2 | 2/3 | 1/5 |

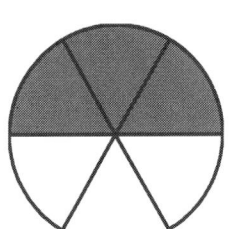

| 3/6 | 1/3 | 2/4 | 1/2 | 3/5 |

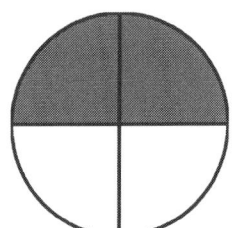

| 2/3 | 4/4 | 2/4 | 3/6 | 1/2 |

# Fraction

❖ <u>What part of every color? Do the right answer.</u>

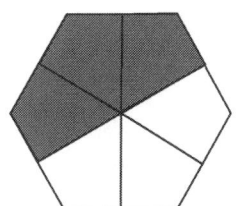 | 2/3 | 3/6 | 2/4 | 1/2 | 3/5 |

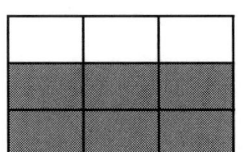 | 2/5 | 1/8 | 6/3 | 3/5 | 6/9 |

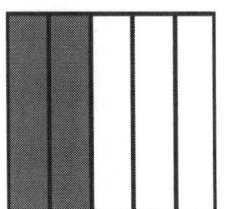 | 2/4 | 3/3 | 1/2 | 1/4 | 2/5 |

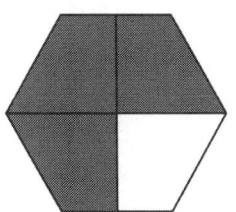 | 1/2 | 1/3 | 3/4 | 2/6 | 1/5 |

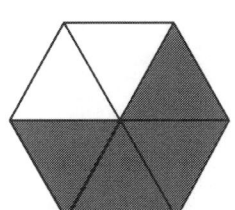 | 2/4 | 4/5 | 1/4 | 4/6 | 1/2 |

Date : _____   time : _____
Name : _____   Score : _____

Day 60

## Fraction

❖ <u>What part of every color? Do the right answer.</u>

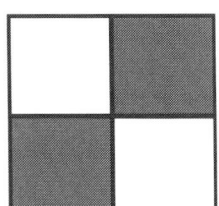   $\dfrac{2}{3}$   $\dfrac{1}{6}$   $\dfrac{2}{4}$   $\dfrac{1}{2}$   $\dfrac{3}{5}$

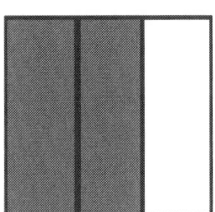   $\dfrac{3}{5}$   $\dfrac{1}{4}$   $\dfrac{2}{3}$   $\dfrac{3}{5}$   $\dfrac{1}{2}$

   $\dfrac{2}{4}$   $\dfrac{3}{3}$   $\dfrac{1}{2}$   $\dfrac{1}{4}$   $\dfrac{2}{5}$

   $\dfrac{1}{2}$   $\dfrac{1}{3}$   $\dfrac{2}{4}$   $\dfrac{2}{6}$   $\dfrac{1}{5}$

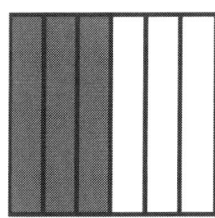   $\dfrac{2}{3}$   $\dfrac{3}{5}$   $\dfrac{1}{4}$   $\dfrac{3}{6}$   $\dfrac{1}{2}$

# Fraction

**Day 61**

❖ <u>What part of every color? Do the right answer.</u>

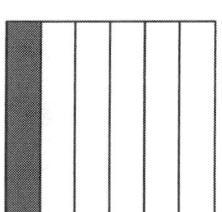  $\frac{1}{3}$   $\frac{1}{6}$   $\frac{1}{4}$   $\frac{1}{2}$   $\frac{1}{5}$

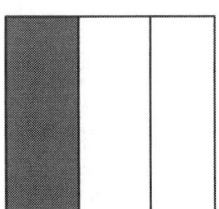  $\frac{1}{5}$   $\frac{1}{4}$   $\frac{1}{3}$   $\frac{1}{5}$   $\frac{1}{2}$

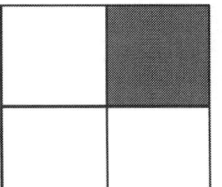  $\frac{1}{4}$   $\frac{1}{3}$   $\frac{1}{2}$   $\frac{1}{4}$   $\frac{1}{5}$

  $\frac{1}{2}$   $\frac{1}{3}$   $\frac{1}{4}$   $\frac{1}{2}$   $\frac{1}{5}$

$\frac{1}{3}$   $\frac{1}{4}$   $\frac{1}{4}$   $\frac{1}{6}$   $\frac{1}{2}$

| Date : _____ | | time : _____ |
|---|---|---|
| Name : _____ | | Score : _____ |

# Fraction

**Day 62**

❖ <u>What part of every color? Do the right answer.</u>

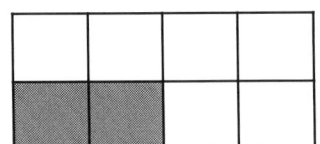    3/3    2/8    3/4    1/8    2/5

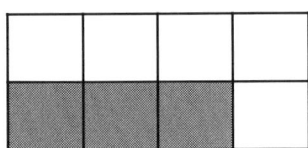    3/5    1/8    2/3    3/7    3/8

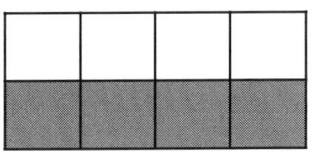    3/7    2/8    1/2    4/8    3/5

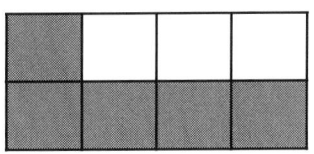    5/7    5/8    4/4    1/8    4/6

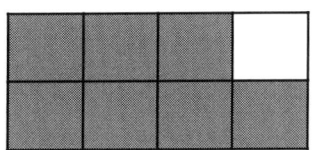    2/8    3/4    3/8    7/5    7/8

Date : _____    time : _____
Name : _____    Score : _____

**Day 63**

**Fraction**

❖ <u>Write the fraction of the shape that is filled in.</u>

| circle $\frac{2}{5}$ ★★★★★ | circle $\frac{2}{3}$ ★★★ |
| circle $\frac{2}{4}$ ★★★★ | circle $\frac{3}{6}$ ★★★★★★ |
| circle $\frac{1}{5}$ ★★★★★ | circle $\frac{4}{5}$ ★★★★★ |
| circle $\frac{3}{5}$ ★★★★★ | circle $\frac{5}{6}$ ★★★★★★ |

Date : _____
Name : _____

time : _____
Score : _____

**Day 64**

## Fraction

❖ <u>Write the fraction of the shape that is filled in.</u>

| circle $\frac{1}{6}$  | circle $\frac{5}{8}$  |
| circle $\frac{3}{4}$  | circle $\frac{3}{8}$  |
| circle $\frac{3}{7}$  | circle $\frac{1}{4}$  |
| circle $\frac{4}{5}$  | circle $\frac{2}{5}$  |

Date : _____   time : _____

Name : _____   Score : _____

**Day 65**

# Fraction

❖ <u>Write the fraction of the shape that is filled in.</u>

| circle $\frac{4}{6}$ | circle $\frac{7}{8}$ |
|---|---|
| circle $\frac{1}{4}$ | circle $\frac{6}{8}$ |
| circle $\frac{4}{7}$ | circle $\frac{2}{4}$ |
| circle $\frac{3}{5}$ | circle $\frac{1}{5}$ |

Date : _____

Name : _____

time : _____

Score : _____

**Day 66**

## Fraction

❖ <u>Write the fraction of the shape that is filled in.</u>

| circle $\dfrac{6}{6}$ | circle $\dfrac{5}{7}$ |
|---|---|
| circle $\dfrac{4}{4}$ | circle $\dfrac{7}{8}$ |
| circle $\dfrac{3}{7}$ | circle $\dfrac{1}{4}$ |
| circle $\dfrac{2}{5}$ | circle $\dfrac{5}{5}$ |

- Copyright 2020/2021 ©™ -

# Fact families

**Complete each family of facts.**

Triangle: 9 (top), 2, 7

☐ + ☐ = ☐
☐ + ☐ = ☐
☐ − ☐ = ☐
☐ − ☐ = ☐

Triangle: 13 (top), 7, 6

☐ + ☐ = ☐
☐ + ☐ = ☐
☐ − ☐ = ☐
☐ − ☐ = ☐

Triangle: 13 (top), 4, 9

☐ + ☐ = ☐
☐ + ☐ = ☐
☐ − ☐ = ☐
☐ − ☐ = ☐

Triangle: 8 (top), 2, 6

☐ + ☐ = ☐
☐ + ☐ = ☐
☐ − ☐ = ☐
☐ − ☐ = ☐

# Fact families

Complete each family of facts.

**Triangle 1:** top 10, bottom 8 and 2

☐ + ☐ = ☐
☐ + ☐ = ☐
☐ − ☐ = ☐
☐ − ☐ = ☐

**Triangle 2:** top 14, bottom 9 and 5

☐ + ☐ = ☐
☐ + ☐ = ☐
☐ − ☐ = ☐
☐ − ☐ = ☐

**Triangle 3:** top 4, bottom 1 and 3

☐ + ☐ = ☐
☐ + ☐ = ☐
☐ − ☐ = ☐
☐ − ☐ = ☐

**Triangle 4:** top 9, bottom 1 and 8

☐ + ☐ = ☐
☐ + ☐ = ☐
☐ − ☐ = ☐
☐ − ☐ = ☐

# Fact families

**Day 69**

Complete each family of facts.

Triangle: 11 (top), 7, 4

☐ + ☐ = ☐
☐ + ☐ = ☐
☐ − ☐ = ☐
☐ − ☐ = ☐

Triangle: 13 (top), 10, 3

☐ + ☐ = ☐
☐ + ☐ = ☐
☐ − ☐ = ☐
☐ − ☐ = ☐

Triangle: 19 (top), 10, 9

☐ + ☐ = ☐
☐ + ☐ = ☐
☐ − ☐ = ☐
☐ − ☐ = ☐

Triangle: 15 (top), 6, 9

☐ + ☐ = ☐
☐ + ☐ = ☐
☐ − ☐ = ☐
☐ − ☐ = ☐

# Fact families

**Day 70**

Complete each family of facts.

Triangle: 34 (top), 19, 15

☐ + ☐ = ☐
☐ + ☐ = ☐
☐ - ☐ = ☐
☐ - ☐ = ☐

Triangle: 39 (top), 20, 19

☐ + ☐ = ☐
☐ + ☐ = ☐
☐ - ☐ = ☐
☐ - ☐ = ☐

Triangle: 23 (top), 20, 3

☐ + ☐ = ☐
☐ + ☐ = ☐
☐ - ☐ = ☐
☐ - ☐ = ☐

Triangle: 26 (top), 16, 10

☐ + ☐ = ☐
☐ + ☐ = ☐
☐ - ☐ = ☐
☐ - ☐ = ☐

# Fact families

Complete each family of facts.

Triangle: 15 (top), 1 and 14 (bottom)

☐ + ☐ = ☐
☐ + ☐ = ☐
☐ − ☐ = ☐
☐ − ☐ = ☐

Triangle: 29 (top), 11 and 18 (bottom)

☐ + ☐ = ☐
☐ + ☐ = ☐
☐ − ☐ = ☐
☐ − ☐ = ☐

Triangle: 33 (top), 19 and 14 (bottom)

☐ + ☐ = ☐
☐ + ☐ = ☐
☐ − ☐ = ☐
☐ − ☐ = ☐

Triangle: 21 (top), 4 and 17 (bottom)

☐ + ☐ = ☐
☐ + ☐ = ☐
☐ − ☐ = ☐
☐ − ☐ = ☐

Date : _____
Name : _____

time : _____
Score : _____

**Day 72**

## Fact families

Complete each family of facts.

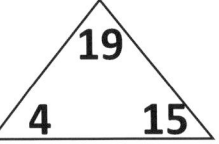

☐ + ☐ = ☐
☐ + ☐ = ☐
☐ - ☐ = ☐
☐ - ☐ = ☐

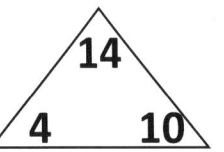

☐ + ☐ = ☐
☐ + ☐ = ☐
☐ - ☐ = ☐
☐ - ☐ = ☐

   27
 16   11

☐ + ☐ = ☐
☐ + ☐ = ☐
☐ - ☐ = ☐
☐ - ☐ = ☐

   25
 16   9

☐ + ☐ = ☐
☐ + ☐ = ☐
☐ - ☐ = ☐
☐ - ☐ = ☐

## tellig time

❖ <u>Tell the time - whole hours</u>

:

:

:

:

:

:

:

:

:

Date: _____  time: _____
Name: _____  Score: _____

## tellig time

**Day 74**

❖ <u>Tell the time - whole hours</u>

:

:

:

:

:

:

:

:

❖ <u>Tell the time - whole hours</u>

:     :     :

:     :     :

:     :     :

# tellig time

**Day 76**

❖ Draw the time on the clock face (whole hours)

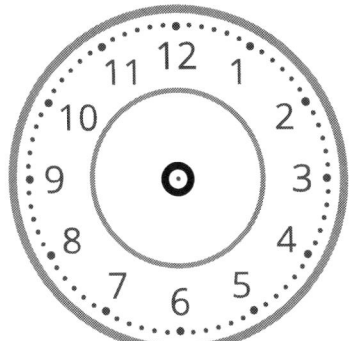
**10 : 00**

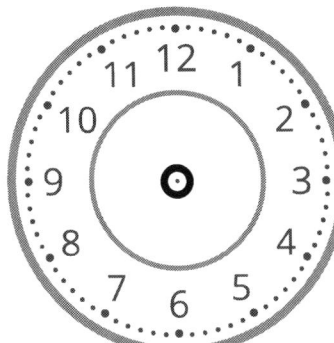
**6 : 00**

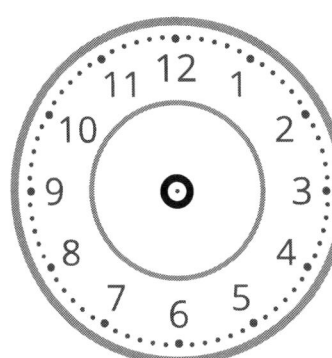
**3 : 00**

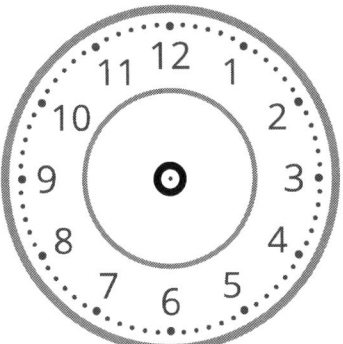
**1 : 00**

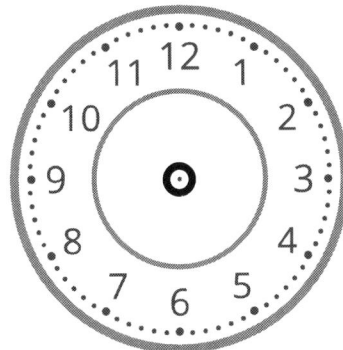
**7 : 00**

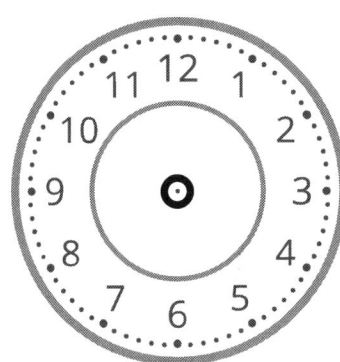
**5 : 00**

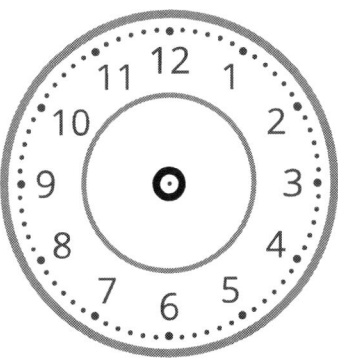
**2 : 00**

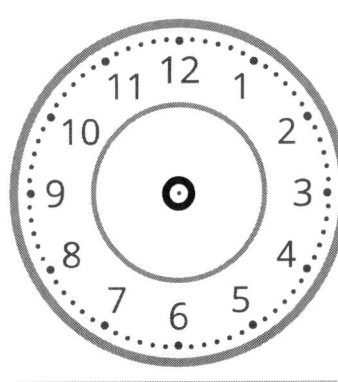
**9 : 00**

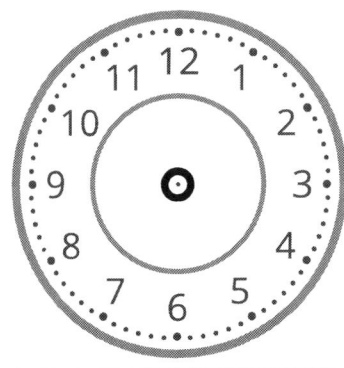
**12 : 00**

Date : _____
Name : _____

time : _____
Score : _____

**tellig time**

**Day 77**

❖ Draw the time on the clock face (whole hours)

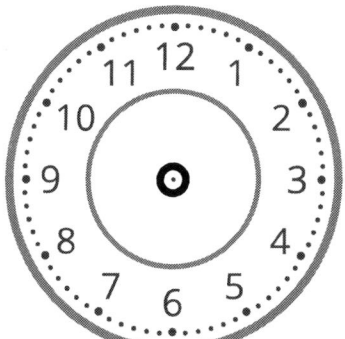
4 : 00

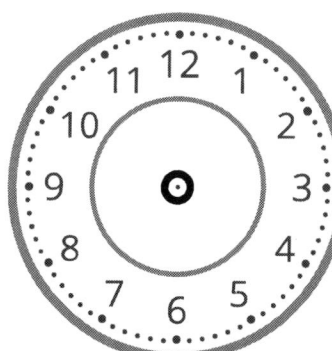
7 : 00

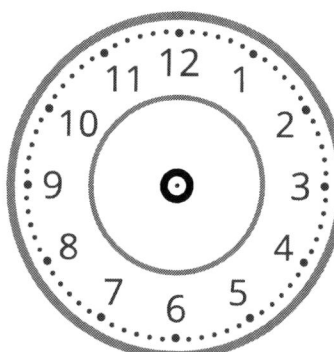
9 : 00

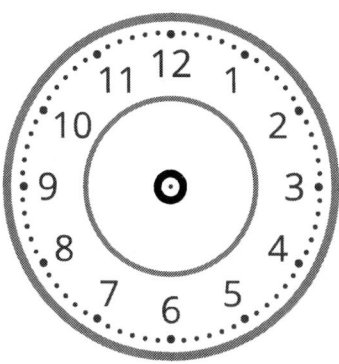
2 : 00

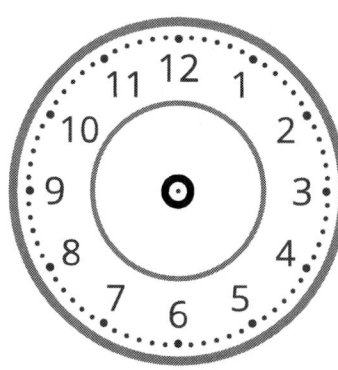
12 : 00

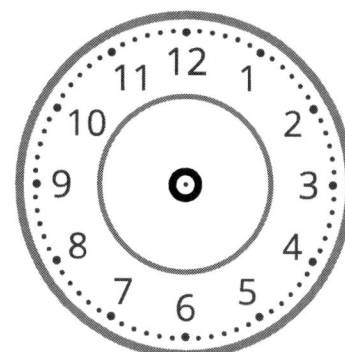
11 : 00

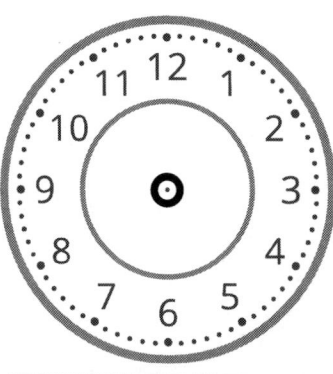
8 : 00

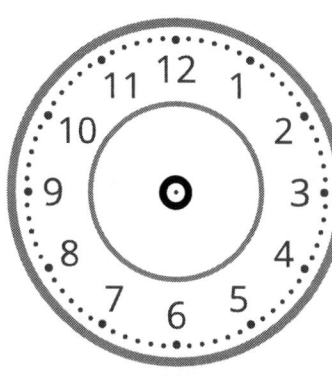
5 : 00

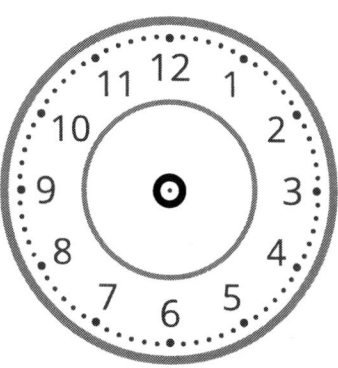
6 : 00

Date : _____
Name : _____

time : _____
Score : _____

**Day 78**

tellig time

❖ Draw the time on the clock face (whole hours)

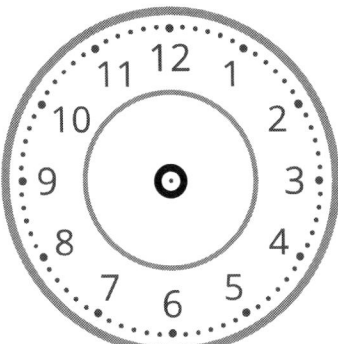
**5 : 00**

**3 : 00**

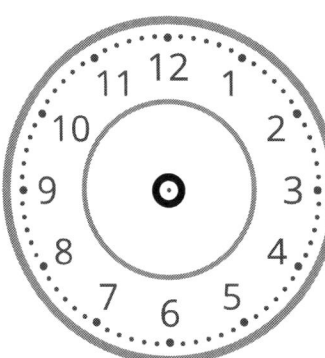
**10 : 00**

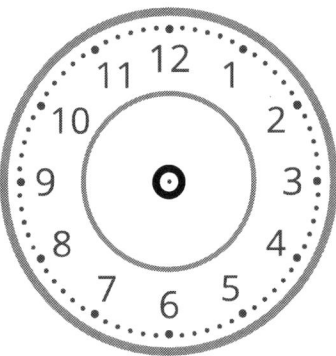
**11 : 00**

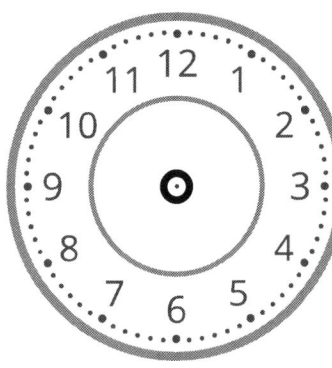
**9 : 00**

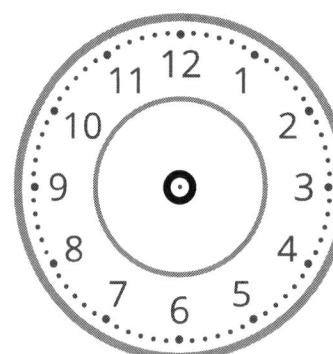
**2 : 00**

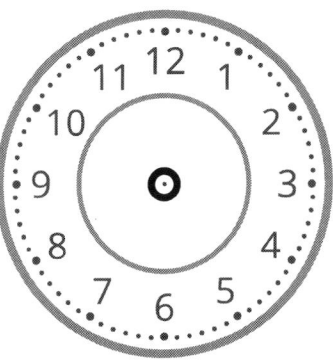
**4 : 00**

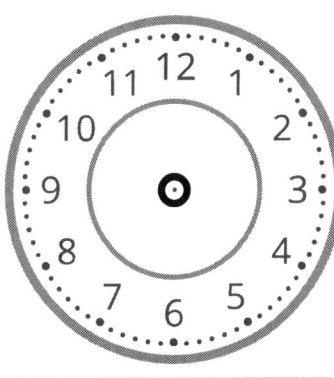
**12 : 00**

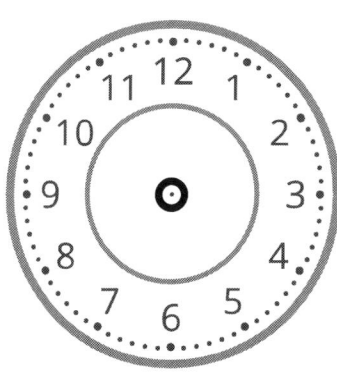
**6 : 00**

# tellig time

❖ Telling time - half hours

## tellig time

❖ <u>Tell the time - whole hours</u>

# tellig time

❖ <u>Tell the time - whole hours</u>

:

:

:

:

:

:

:

:

:

Date : _____
Name : _____

time : _____
Score : _____

**Day 82**

## tellig time

❖ Draw the time shown on each clock.

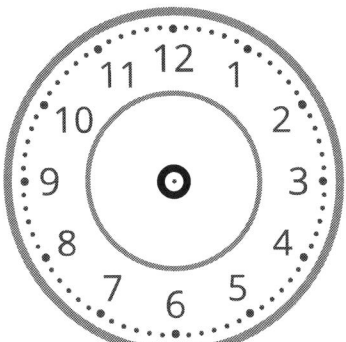
**10 : 30**

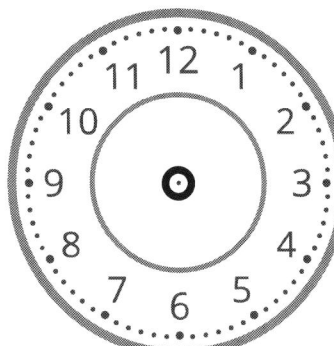
**6 : 30**

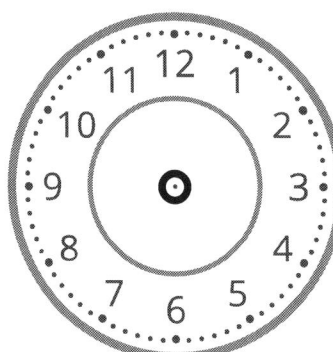
**7 : 00**

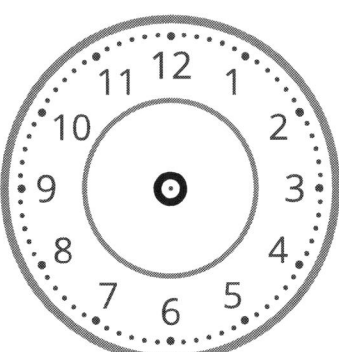
**1 : 30**

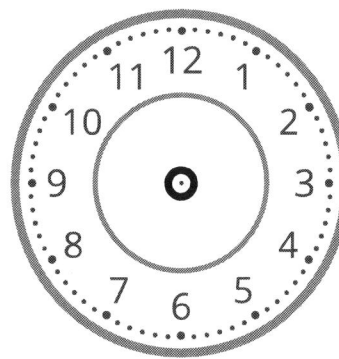
**7 : 00**

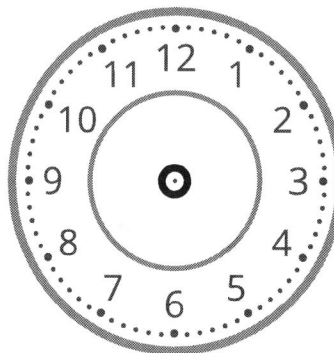
**5 : 30**

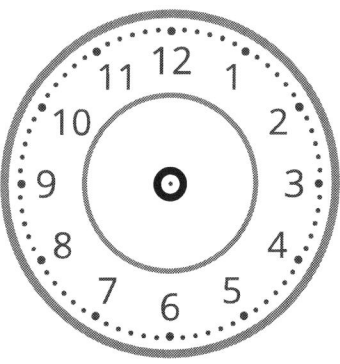
**2 : 30**

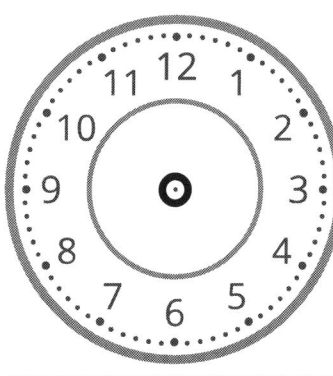
**9 : 30**

**12 : 30**

Date : _____
Name : _____

time : _____
Score : _____

**tellig time**

Day 83

❖ Draw the time shown on each clock.

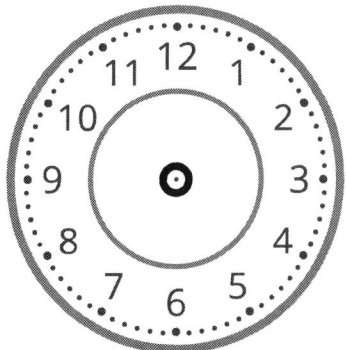
4 : 30

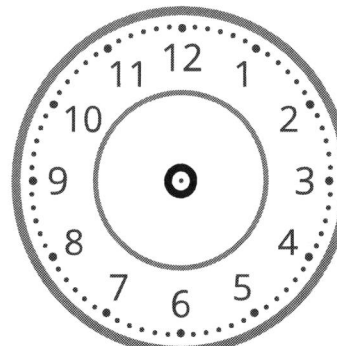
7 : 30

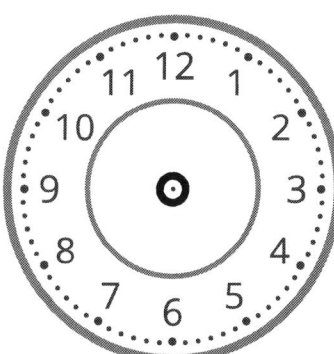
9 : 00

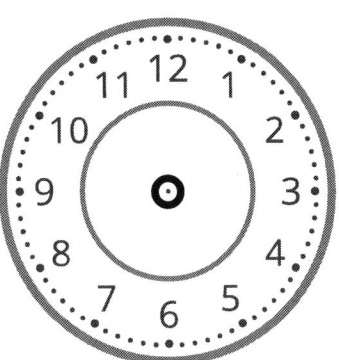
2 : 30

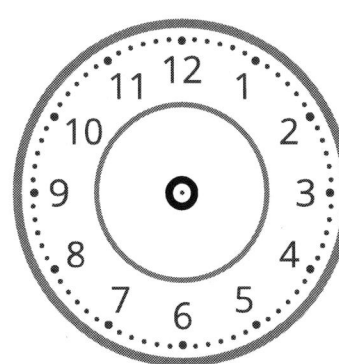
12 : 30

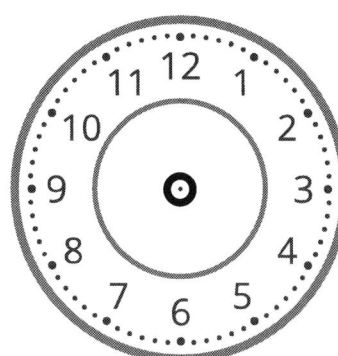
11 : 30

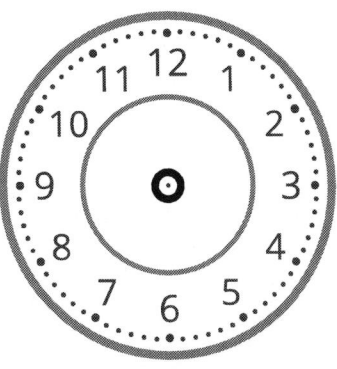
8 : 30

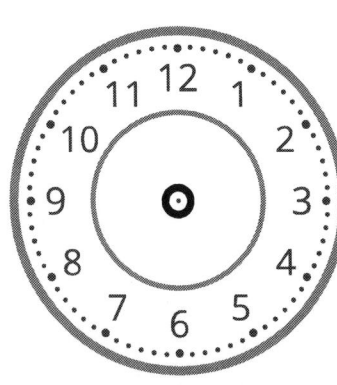
5 : 30

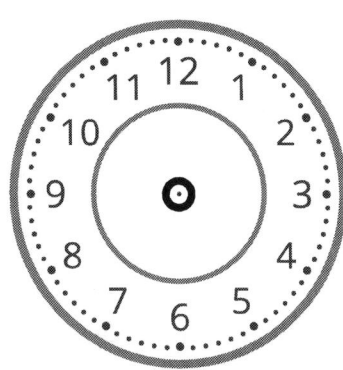
6 : 30

Date : _____

Name : _____

time : _____

Score : _____

**Day 84**

## tellig time

❖ Draw the time shown on each clock.

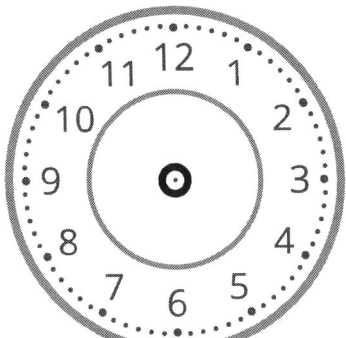

**5 : 30**

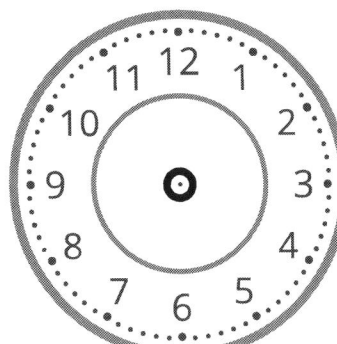

**4 : 00**

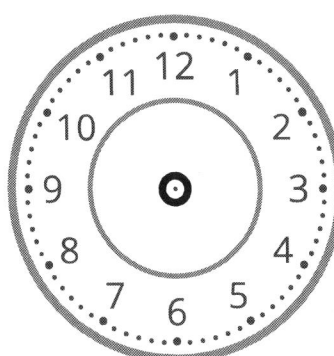

**10 : 30**

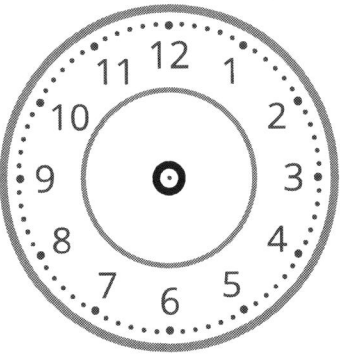

**11 : 30**

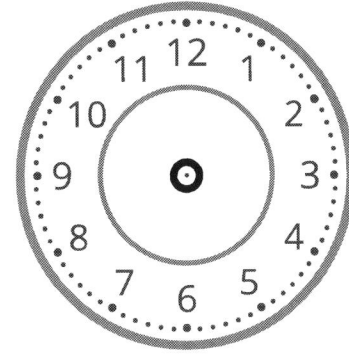

**9 : 30**

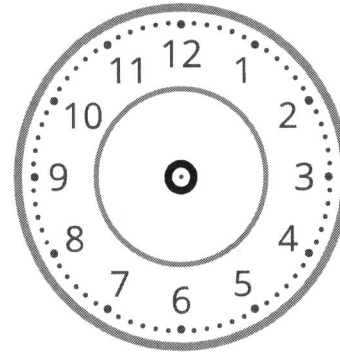

**2 : 30**

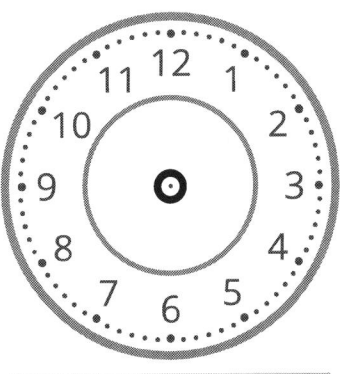

**3 : 00**

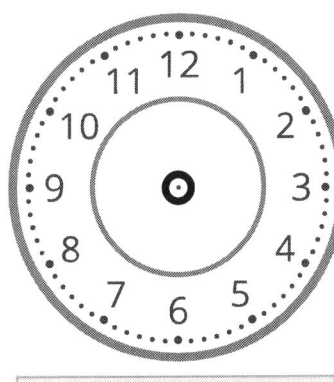

**12 : 30**

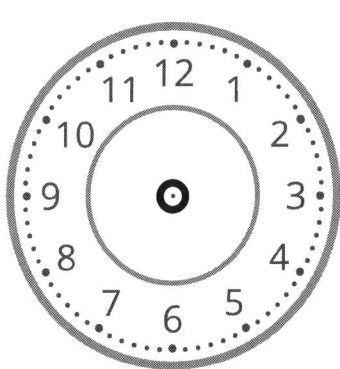

**7 : 00**

Date : _____

Name : _____

time : _____

Score : _____

**Day 85**

tellig time

❖ Telling time - half hours

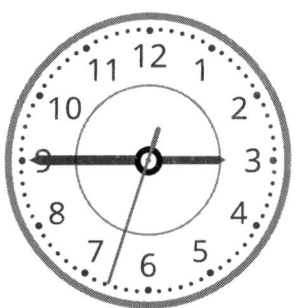

: 

: 

: 

: 

: 

: 

: 

: 

:

# tellig time

❖ Tell the time - whole hours

## tellig time

❖ <u>Tell the time - whole hours</u>

:

:

:

:

:

:

:

:

:

Date : _____    tellig time    time : _____
Name : _____                    Score : _____

**Day 88**

❖ Telling time - half hours

:

:

:

:

:

:

:

:

:

Date : _____  
Name : _____  

time : _____  
Score : _____  

**Day 89**

tellig time

❖ <u>Tell the time - whole hours</u>

:       :       :

:       :       :

:       :       :

Date : _____
Name : _____

time : _____
Score : _____

**Day 90**

tellig time

❖ <u>Tell the time - whole hours</u>

:  |  :  |  :

:  |  :  |  :

:  |  :  |  :

Date : _____

Name : _____

time : _____

Score : _____

**Day 91**

tellig time

❖ Draw the time shown on each clock.

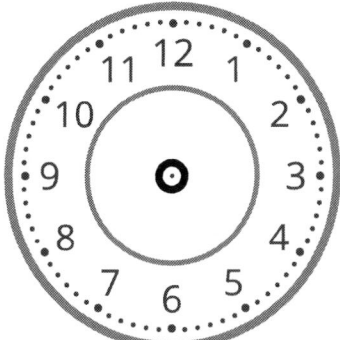

**10 : 35**            **6 : 15**            **7 : 40**

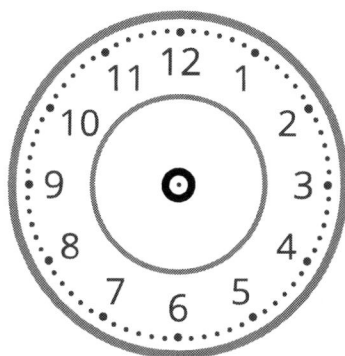

**1 : 45**            **7 : 15**            **5 : 00**

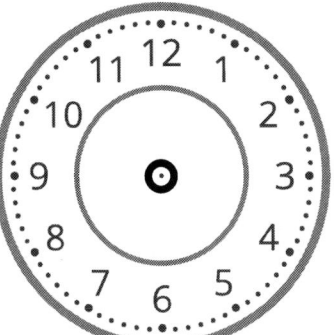

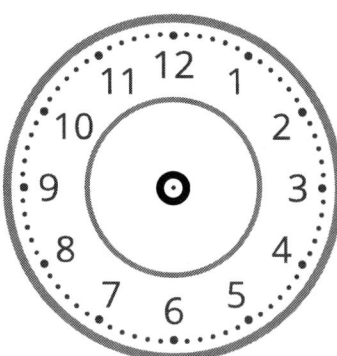

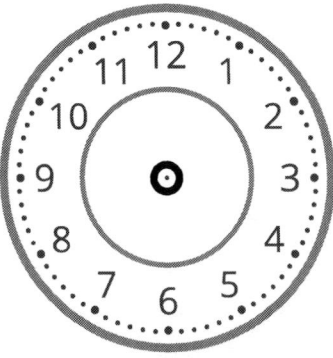

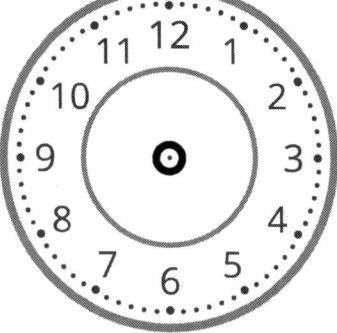

**2 : 10**            **9 : 15**            **12 : 00**

Date : _____
Name : _____

time : _____
Score : _____

**Day 92**

tellig time

❖ Draw the time shown on each clock.

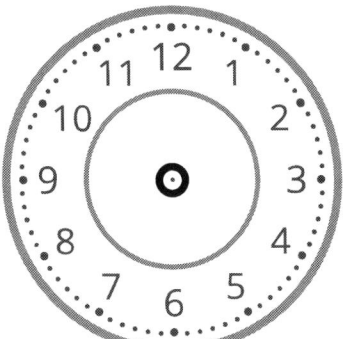
**4 : 45**

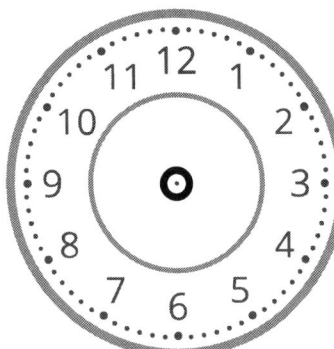
**7 : 10**

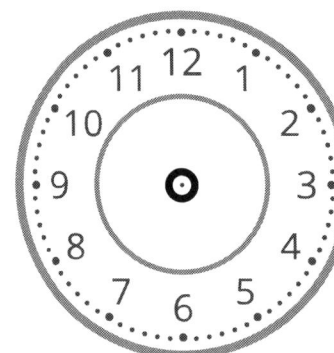
**9 : 20**

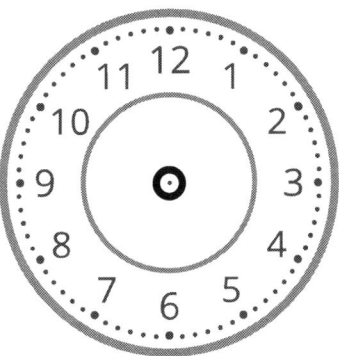
**2 : 40**

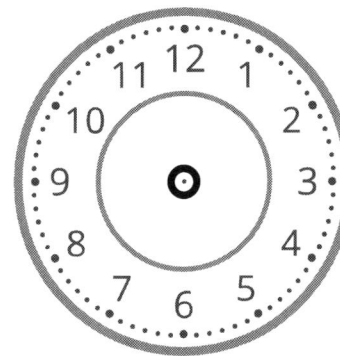
**12 : 15**

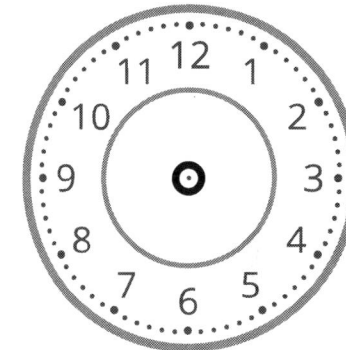
**11 : 25**

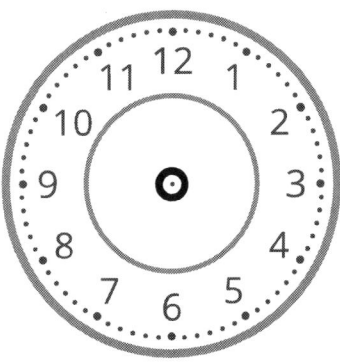
**8 : 10**

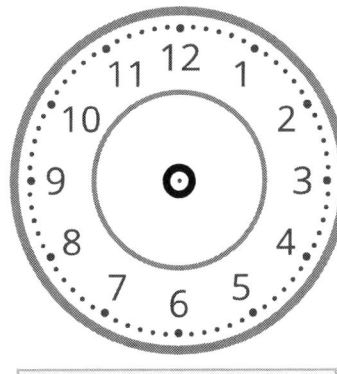
**5 : 25**

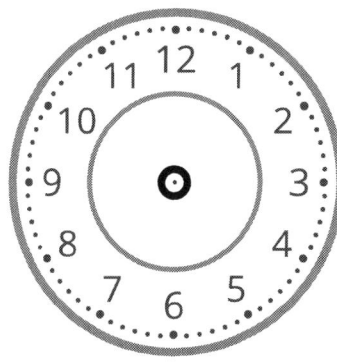
**6 : 20**

Date : _____          time : _____
Name : _____          Score : _____

**Day 93**

**tellig time**

❖ Draw the time shown on each clock.

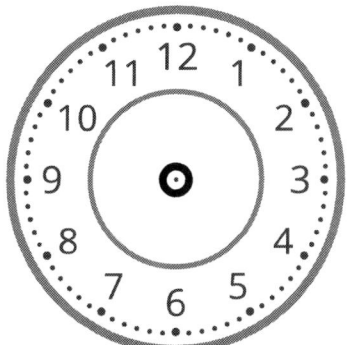
**5 : 15**

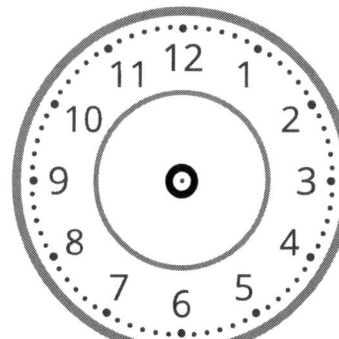
**4 : 10**

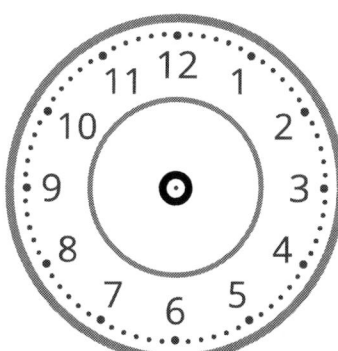
**10 : 35**

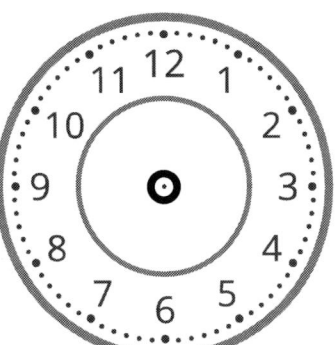
**11 : 35**

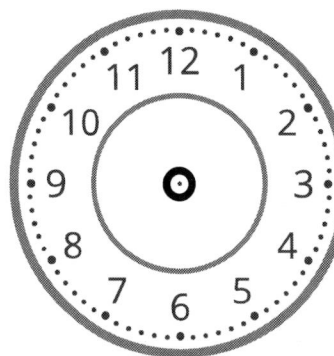
**9 : 45**

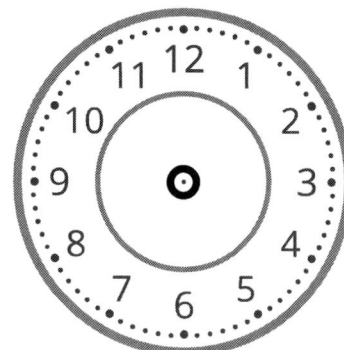
**2 : 55**

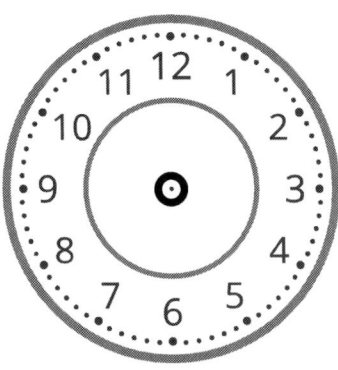
**3 : 10**

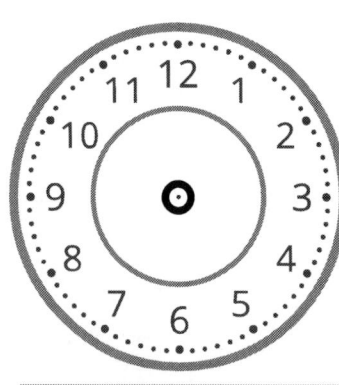
**12 : 15**

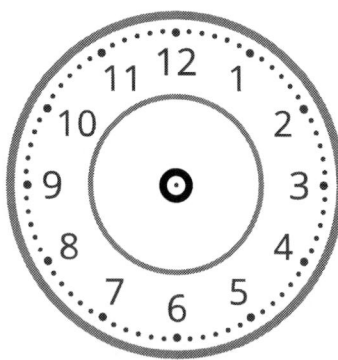
**7 : 20**

Date : _____
Name : _____

time : _____
Score : _____

**Day 94**

tellig time

❖ Draw the time shown on each clock.

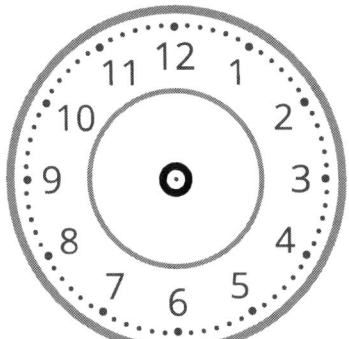
**10 : 20**

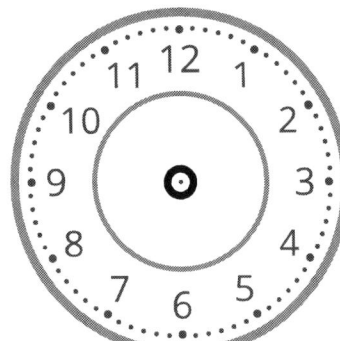
**6 : 35**

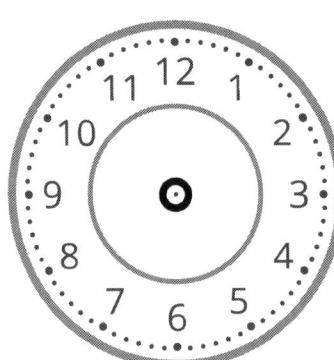
**7 : 25**

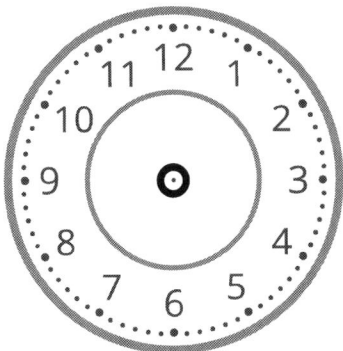
**1 : 10**

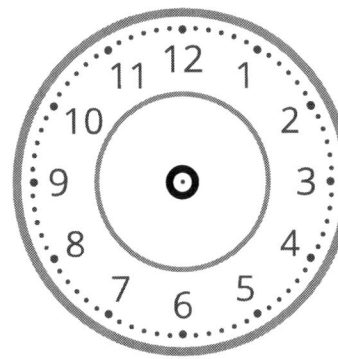
**7 : 5**

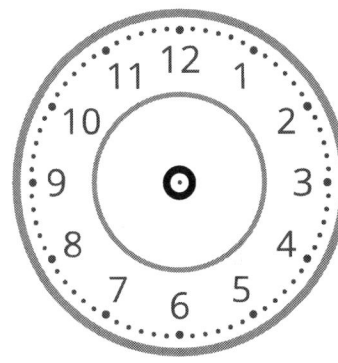
**5 : 00**

**2 : 15**

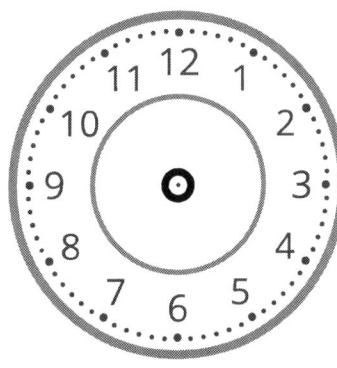
**9 : 25**

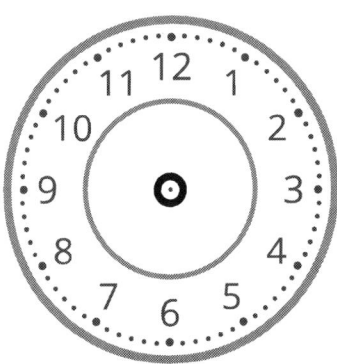
**12 : 35**

Date : _____

Name : _____

time : _____

Score : _____

**Day 95**

tellig time

❖ Draw the time shown on each clock.

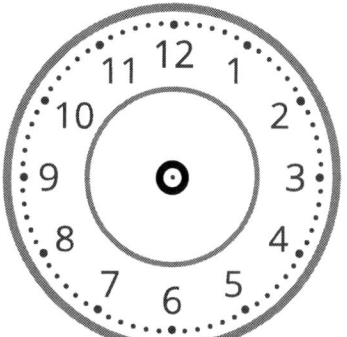

**4 : 30**

**7 : 35**

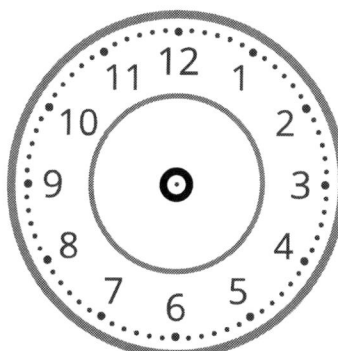

**9 : 45**

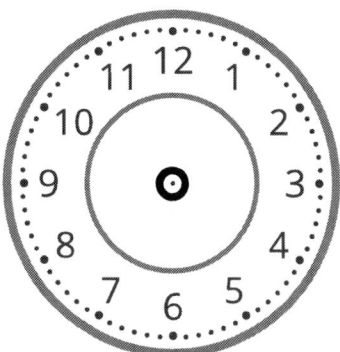

**2 : 15**

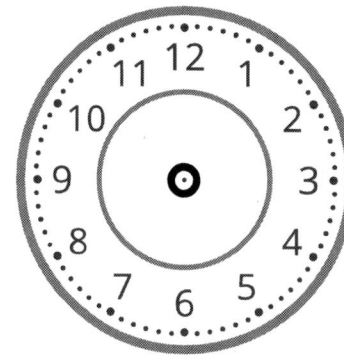

**12 : 45**

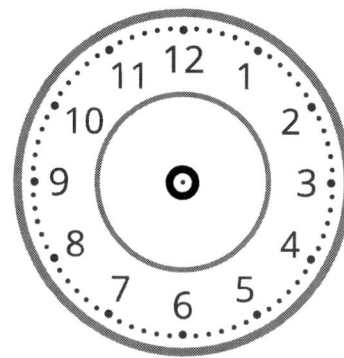

**11 : 55**

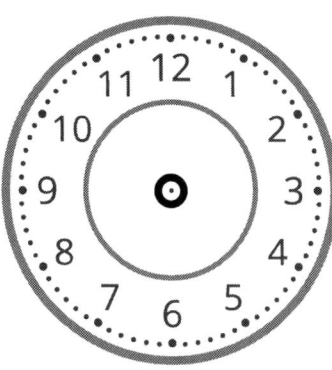

**8 : 10**

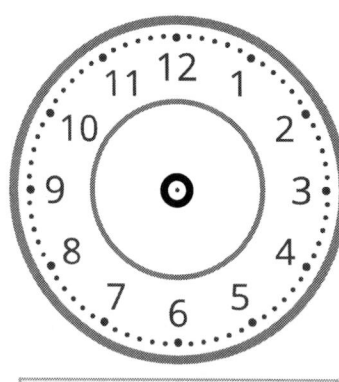

**5 : 30**

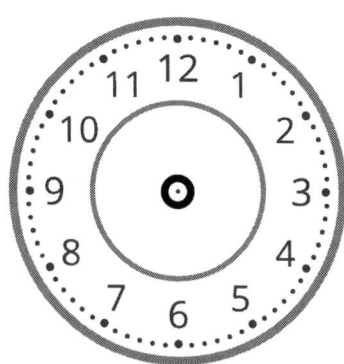

**6 : 25**

# tellig time

**Day 96**

❖ Draw the time shown on each clock.

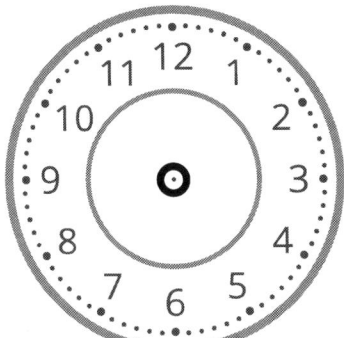
**5 : 10**

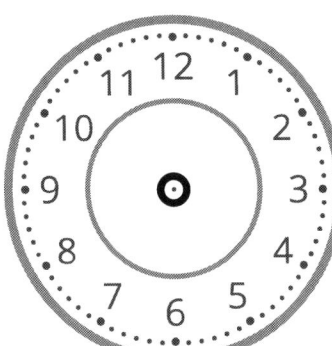
**4 : 25**

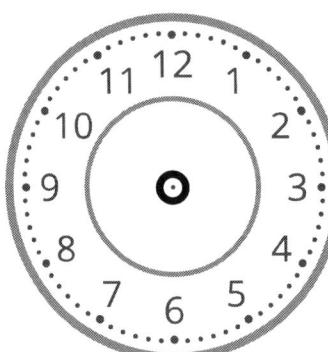
**10 : 15**

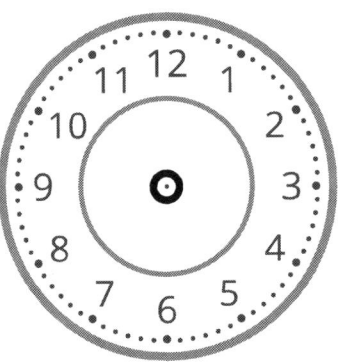
**11 : 45**

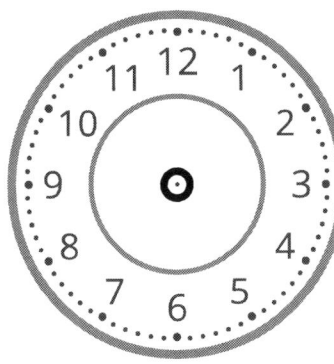
**9 : 40**

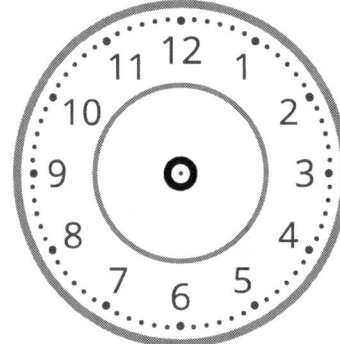
**2 : 35**

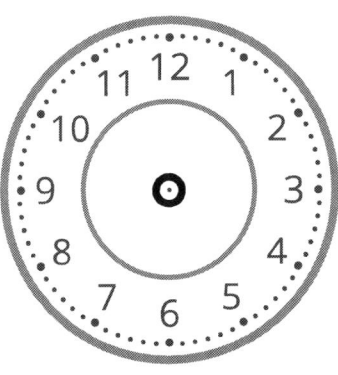
**3 : 15**

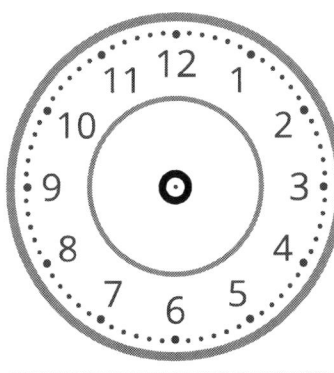
**12 : 25**

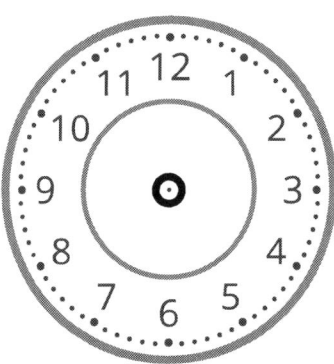
**7 : 30**

# ANSWERS

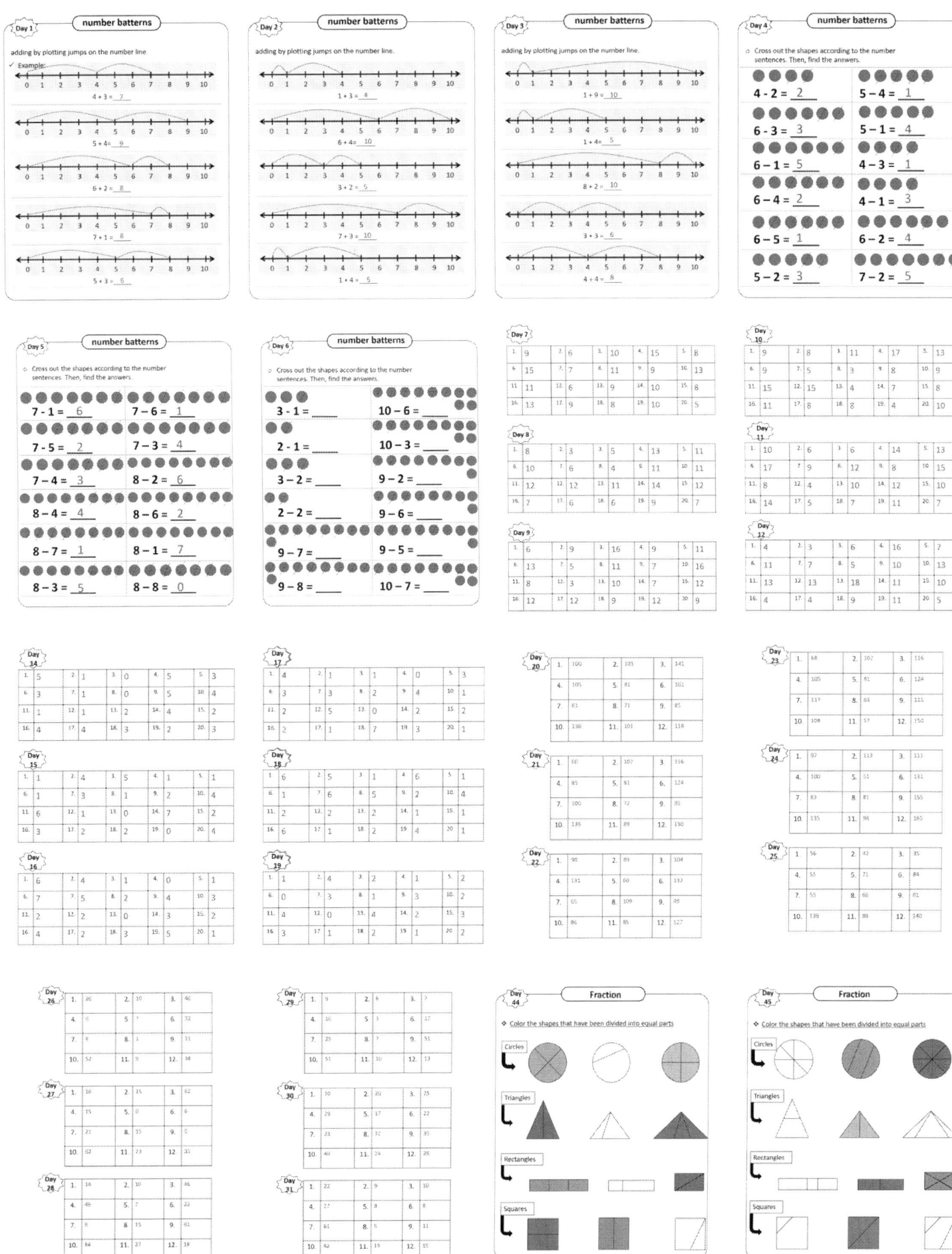

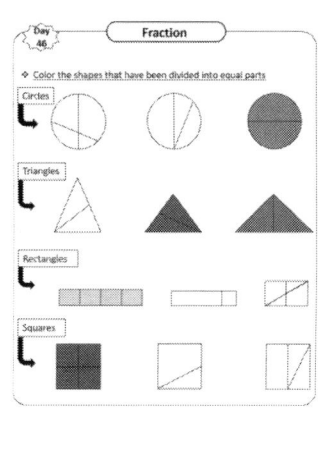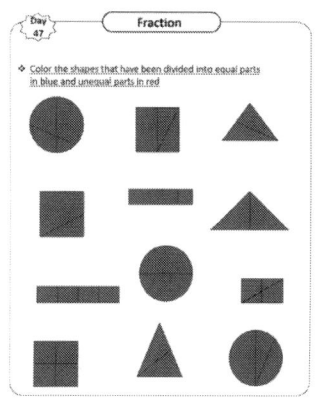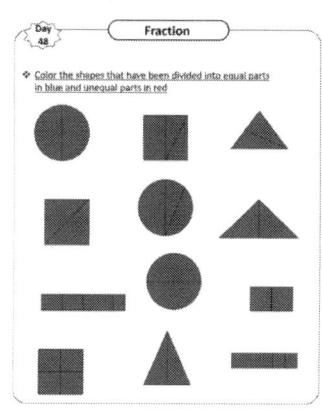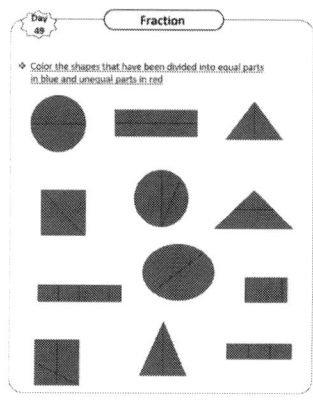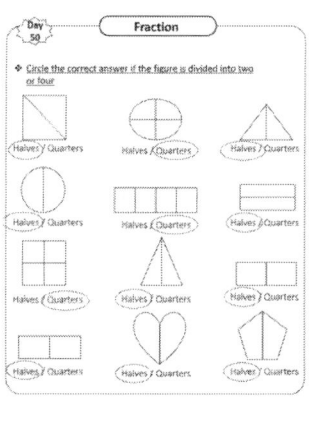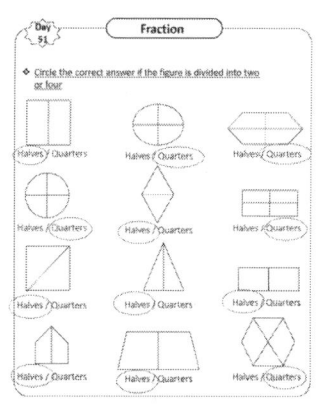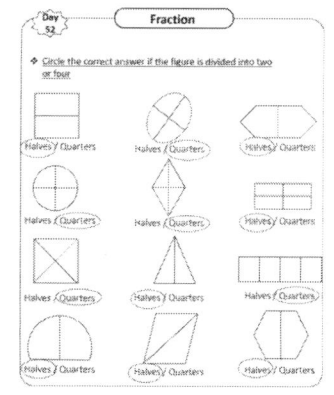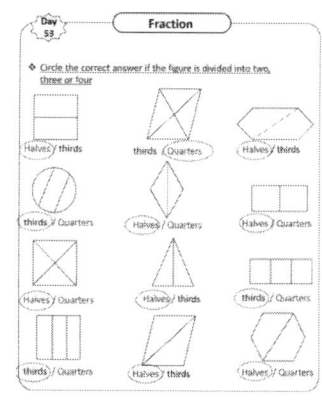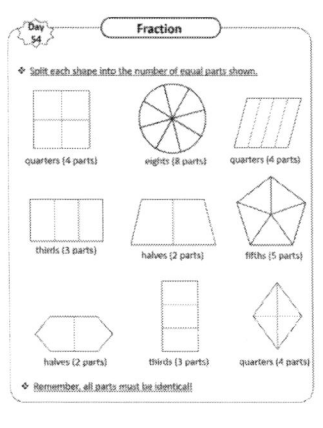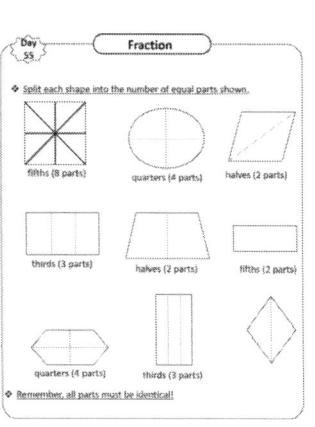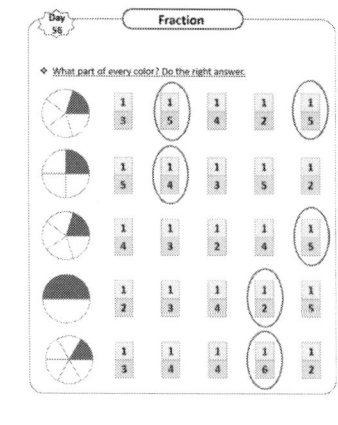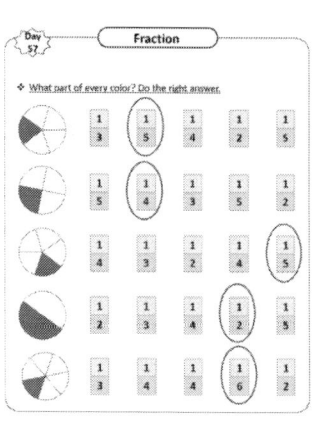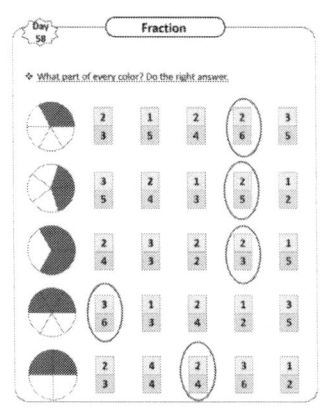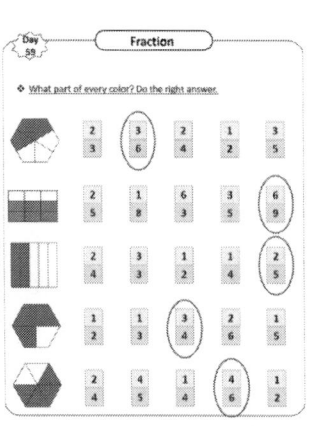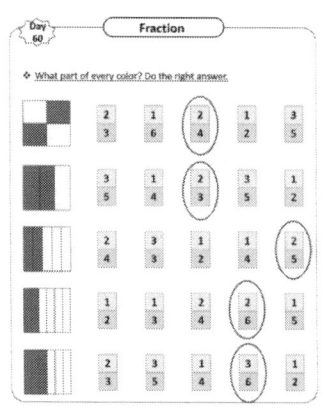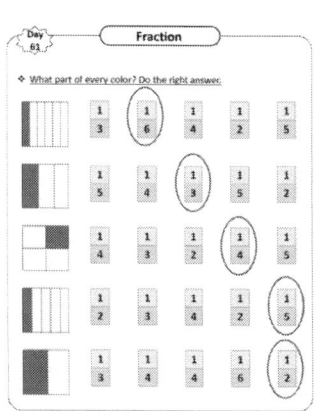

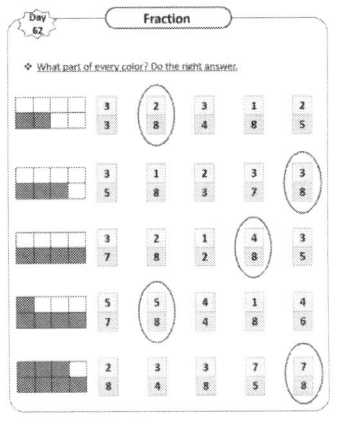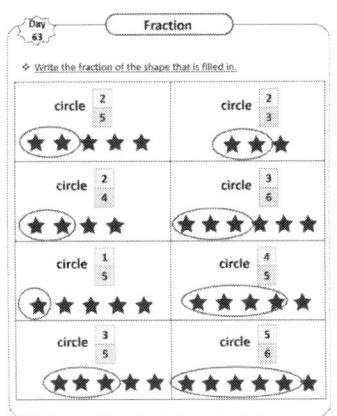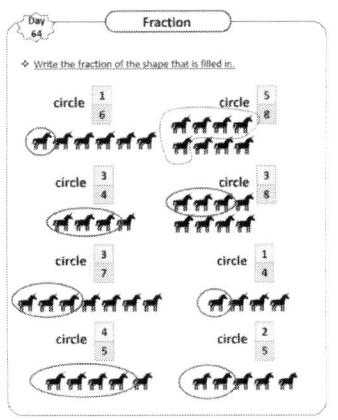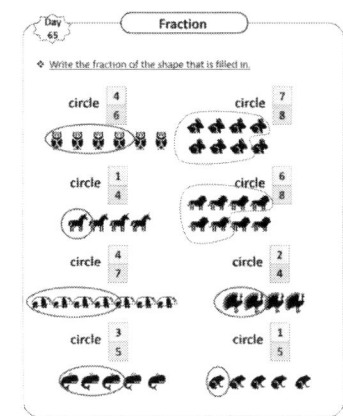
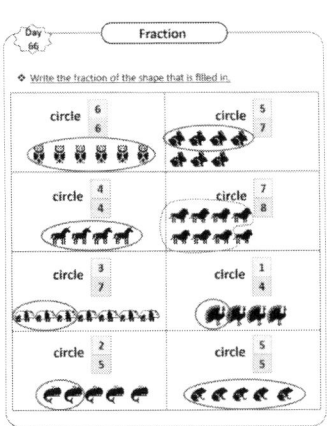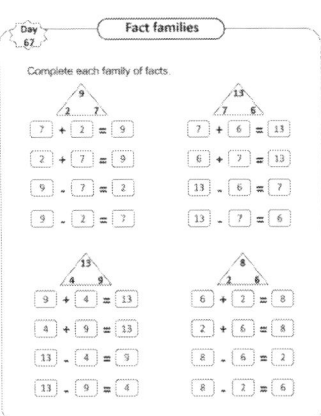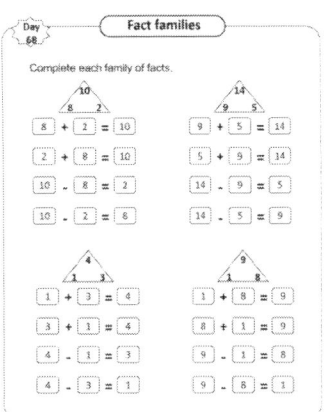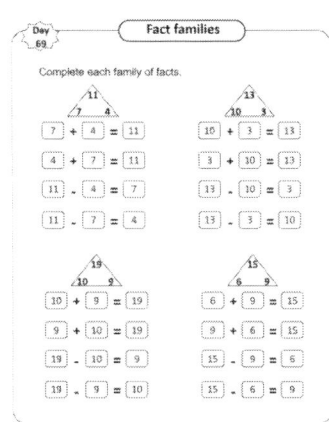
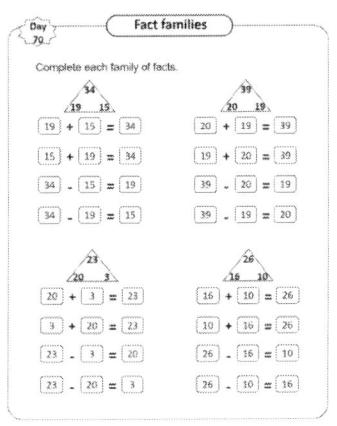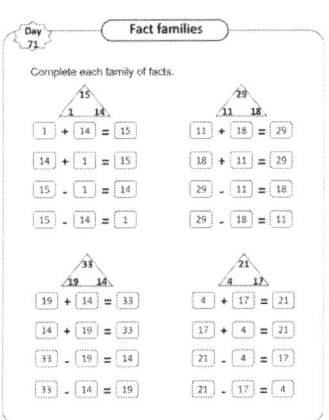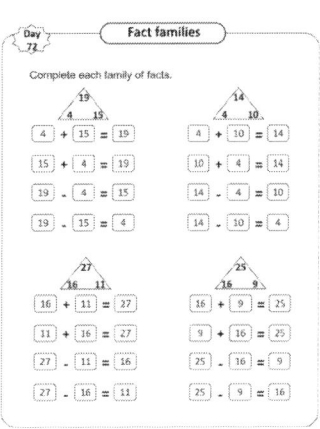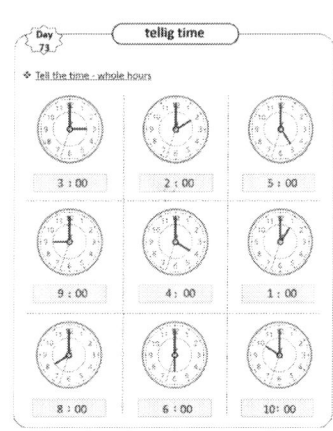
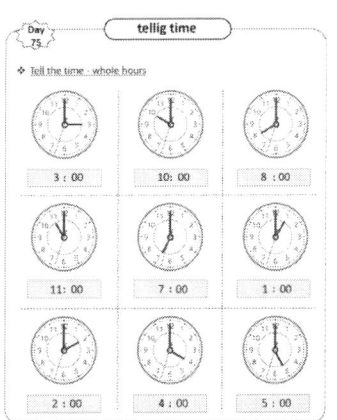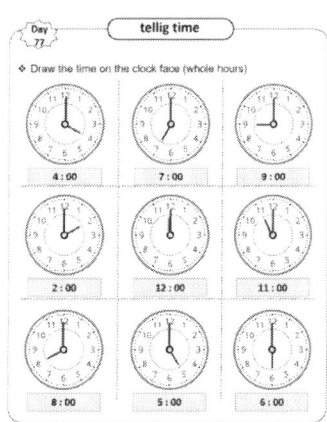

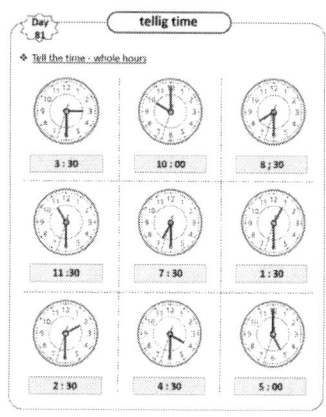

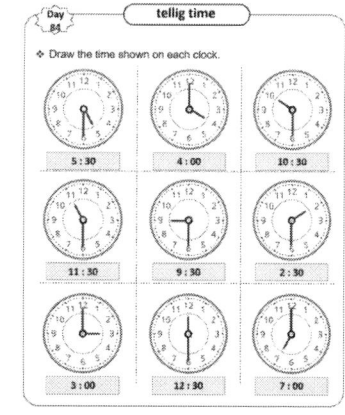

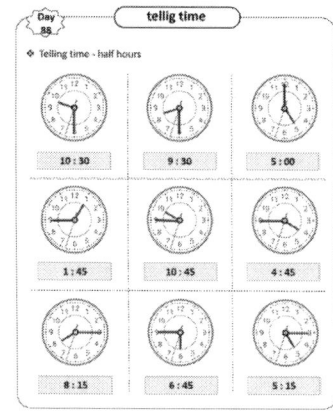
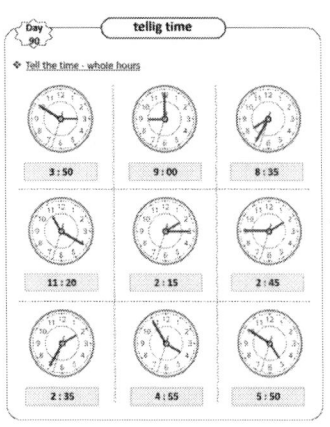
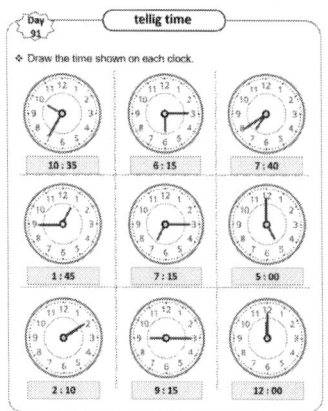
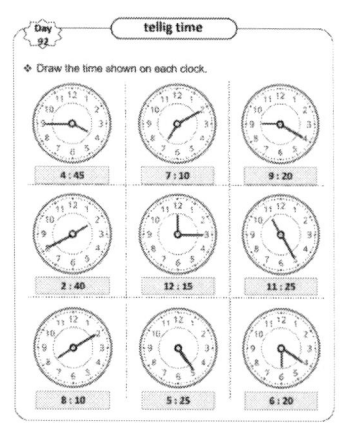
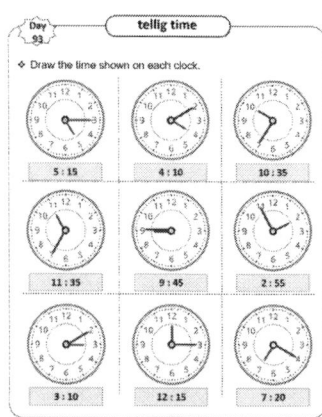

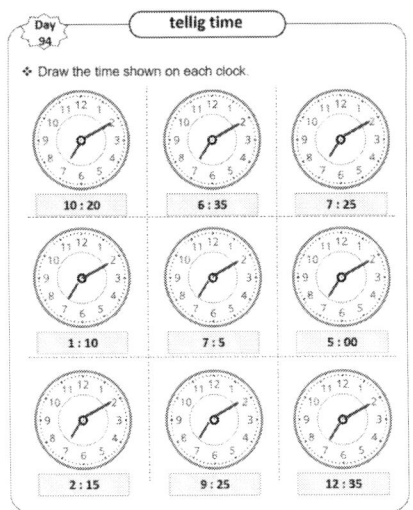
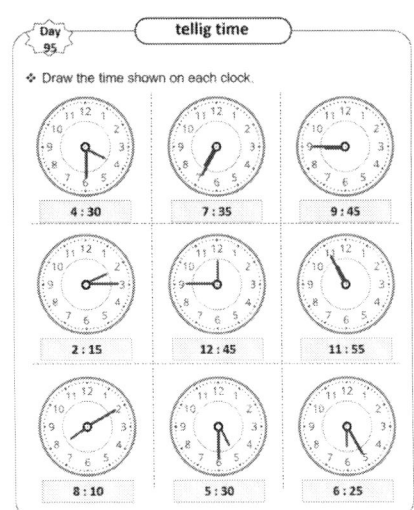
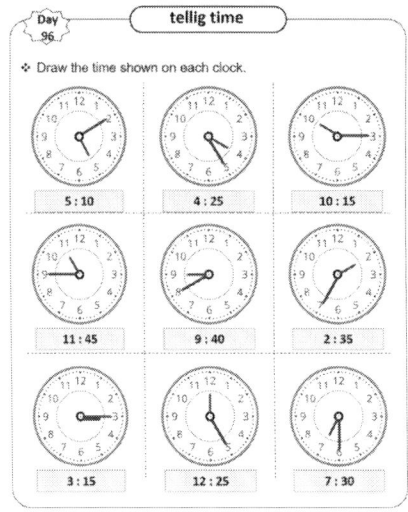

Made in the USA
Coppell, TX
08 July 2022

79727550R00061